5步实现财务自由

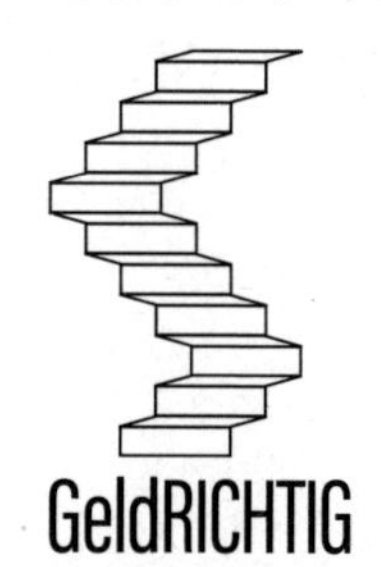

GeldRICHTIG

[德] 菲利普 · 穆勒 / 著
（Philipp J. Müller）
王盛男 / 译

中信出版集团 | 北京

图书在版编目（CIP）数据

5 步实现财务自由 /（德）菲利普·穆勒著；王盛男
译. -- 北京：中信出版社，2022.12
ISBN 978-7-5217-4868-0

Ⅰ.①5… Ⅱ.①菲… ②王… Ⅲ.①财务管理－通俗
读物 Ⅳ.① TS976.15-49

中国版本图书馆 CIP 数据核字（2022）第 196957 号

5 步实现财务自由
著者：　［德］菲利普·穆勒
译者：　王盛男
出版发行：中信出版集团股份有限公司
（北京市朝阳区惠新东街甲 4 号富盛大厦 2 座　邮编　100029）
承印者：　北京诚信伟业印刷有限公司

开本：880mm×1230mm 1/32　　印张：8.75　　字数：220 千字
版次：2022 年 12 月第 1 版　　印次：2022 年 12 月第 1 次印刷
京权图字：01–2022–5292　　书号：ISBN 978–7–5217–4868–0
定价：69.00 元

服务热线：400–600–8099
投稿邮箱：author@citicpub.com

目　录

VII · 前言 财务自由与富足人生

1 认知财富：财富驱动世界

001 · 缺失的财富教育

004 · 我们全然不了解金钱

006 · 财富教育在学校

007 · 与现实和解

009 · 金钱无善恶之分

010 · 积极看待财富

012 · 做好准备，迎接财富

013 · 心态测试

015 · 不是资源问题，而是分配问题

015 · 只会做业务的银行职员拉斯

019 · 为什么专业顾问帮不上我们？

020 · 金融从业者亨尼西

022 · 健身教练马库斯
023 · 金融体系的运行逻辑
025 · 今天，我们有无限可能
028 · 充足但不均衡的社会财富
031 · 三种选择

033 · 建立财富竞争力

035 · 我的使命：推动一场“财富革命”

2 改变态度：培养良好的财富习惯

040 · 大权掌握在自己手中

040 · 等待还是行动？
042 · 对自己负责
044 · 你的财富底色是什么？
047 · 停车场的故事
049 · 这个世界不存在“被动收入”
051 · 掌握财务状况
052 · 亲自管理个人财富

053 · “锅子系统”

054 · 三个问题
056 · “锅子系统”如何颠覆我们的财富行为？
068 · 编织你的财富梦想

071 · **提高收入：踏上通往富裕之路**

072 · 你属于哪种财富类型?

078 · 主动承担

078 · 保持忠诚

079 · 欣赏他人

080 · 与上司谈加薪

083 · 做自己的老板

084 · 全力以赴

085 · 拓宽业务领域

086 · 认真对待投诉

087 · 搭建关系网

088 · 学会说服他人

089 · 知道如何退出

090 · 明确职责，规范流程

091 · 敢于决策

093 · 自我提升

094 · 关注劳动价值

096 · 能量守恒

098 · **节俭与零负债**

100 · 5 欧元存钱罐

101 · 有意识消费

104 · 关注收益

105 · 避免负债

107 · 七步降低负债

110 · 越借钱越痛苦

3 打造良好的财富个性：为什么中彩票的百万富翁大多数守不住奖金？

112 · **先培养个性，再培养财富**

113 · 致富的诸多障碍

116 · 财富舒适圈

121 · 学生准备好了，老师自然就来了

124 · 找到阻碍致富的问题并解决它们

127 · 个性发展的价值

129 · **富足感**

130 · 为什么我们如此向往财富，却还是贫穷？

134 · 你真的需要名牌包吗？

137 · 心怀感恩

139 · 人性本善

143 · **学会尊重：人与自己、他人、金钱的关系是如何影响财富状况的？**

143 · 每个人身上都有值得被知道的闪光点

145 · 支付合理的报酬

147 · 自我价值感决定我们的收入

150 · 与财富建立良好的关系

156 · 癞蛤蟆、黑炭、橡皮泥、面团……

160 · 准时和倾听

165 · **将过程视作一场比赛**

167 · 骰子游戏与财富：感受乐趣，也要有胜负欲

169 · 《大富翁》游戏与自我认知

4 做自己的银行

173 · **练习投资**

173 · 摒弃股市偏见

176 · 四大投资类别

181 · 不要害怕股市崩盘

185 · 两种选择

188 · **股市是如何运行的**

188 · 股市中的权利、义务和监管

190 · 股票投资是道德的吗?

193 · 制胜股市 12 原则

199 · **学习股票交易**

200 · 投资者象限

221 · 股息分红

221 · 基础准备

5 变得富足

224 · **人生的使命**

225 · 超越自我

228 · 财富对我们来说意味着什么？
231 · 当问题不再是问题
234 · 为什么“不用工作”不是人生的意义？
236 · 4 个问题
238 · 人生的意义

242 · **财富让世界更美好**

245 · 富足的人和富有的人
247 · 自由与责任
249 · 给予总是有可能的
252 · 1997 年，美墨边境

257 · **结束语　致我们尚未实现的梦**

261 · **致谢**

前言　财务自由与富足人生

这是一本关于财务自由的书。这本书为你而写，也为商店的售货员而写。父母经济条件有限，需要勤工俭学的 16 岁年轻人，可以读这本书；意识到自己可能与约 46% 的德国女性一样，退休金会比男性少的 57 岁女性，也适合看这本书。财务自由是可以实现的，但是并不容易。本书讲的不是一夜暴富之道，你不会在这里找到获得所谓“被动收入”从而实现高枕无忧的生活的终极法则。被动等待是等不来收入的。但是，你现在也不知道如何能买到价格被严重低估的房产或股票，再转头将它们卖出去，大赚一笔，然后变身千万富翁，坐在奢华的别墅里，品尝加冰龙舌兰酒。

无论我们如何祈祷，这些事情都不会成为现实。

与其去追求这些幼稚的愿望，幻想自己生活在理想世界，不需要对自己的经济状况承担什么实际的责任，你还不如读一下本书，在财务方面形成一种负责任的态度。这不是一蹴而就的事情，而是一个循序渐进的过程。为此，你需要重新认识财富，改变原有的财富行为，培养良好的财富个性，还要明确地认识到财富增长的可能性。最重要的是，要知道自己赚钱是为了什么，以及要把钱花到哪里。此外，你还需要建立道德价值体系，将个人的财富观置于对自己负责、对他人负责，也对世界负责的整体价值框架，而不是单纯追求个人富裕、过度消费，甚至是贪婪和利己主义。

这些听起来不像是两三天就能学会的事情。但是，你是否听说过，或者亲身经历过一些重要的事，这些事可以在三天之内彻底地、持续地改变人的生活，让生活变得更美好？如果你诚实地面对自己，你会得到答案。每个人的内心深处都有答案，即使对养老金缺口和存款负利率感到愤怒和迷茫，他们也在期待一个可行的解决方案。

意识到实现财务自由并非易事，反而可以帮助我们在崭新的致富道路上更有动力，在这条路上，我们可能会遇到很多阻碍，你需要投入时间、精力并保持最佳状态，即便这没有使你徒增白发，也会经常让你感到焦虑。与此同时，这条路也是刺激的、令人兴奋的、充满欢乐的、有挑战性的，如果继续走下去，你会发现它可以改变人生。

如果这些还是不够有说服力，那么还有哪些论点可以说服你马上开始行动？

我总是觉得，在对待金钱的问题上，德国人有时像鸵鸟，但是只要他们把头从沙子里拔出来，用现实的眼光审视一下周围的世界，就会看到一个事实：根据养老保险报告[1]，在今后的几十年里，对于法定养老保险，德国联邦政府将仅提供基本保障。简言之，如果没有个人存款，那么仅依靠养老金是不够养老的。现如今的低利率政策，已经改变了我们传统的生活方式，辛苦存钱的人越来越少。德国人最喜欢的投资方式就是把钱存在银行里，这种方式现在已经行不通了。例

1 详见 https://www.bmas.de/DE/Themen/Rente/Rentenversicherungsbericht/rentenversicherungsbericht.html（2020 年 2 月 17 日检索）。

如，自雇人士在养老方面就面临窘境，德国有 400 多万自雇人士，其中约 300 万人没有充足的养老保障，那些因为需要照顾孩子而在一段时间内没有全职工作的女性也面临同样的问题。

加强财富教育不仅是为了解决养老问题，还有很多其他原因。在本书中，我想告诉读者，经济独立是可以实现的，它会为你的人生带来许多可能性。首先，人们必须认识到确实存在这些可能性。我们所有人几乎都是带着同一个观念长大的，那就是必须努力工作才能挣到钱。大部分人在生活中会觉得，钱总是勉强够用，甚至根本不够用。通过阅读本书，你可能会有看待这个问题的不同视角。

你会逐渐步入一个新的人生阶段，在这个阶段，你会充满幸福感和富足感，你可以照顾好自己，并为未来做好准备，你还能帮助那些境遇不好的人。在良好心态的帮助下，我们可以摆脱贪婪和狂妄、愤怒和迷茫、孤立无援和羞耻，而这些情绪正是理性的金钱观念最大的敌人。

对我来说，富有并不等于开跑车，有钱也不意味着买金表或者名牌包。对金钱的渴望不应该被错误的观念驱动，比如，有人认为有钱之后就要去买一些象征身份的东西，或者其他物品，这往往是受到潜意识的影响，希望用这些东西来证明自己的价值。其实，在超越了无意义消费这个层面之后，追求金钱还可以有很多更重要的意义。一旦有了钱，我们就可以期待与家人一起旅行，共同经历美好；我们可以吃得更好，选择绿色又健康的食物；我们可以坚持可持续的生活方式，保护环境，给子孙后代创造一个宜居的未来世界；我们可以继续学习，为教育投资，这对我们自己和我们的孩子来说都是必要的；当我们认为某一种医疗方式比常规疗法更有效时，我们也有能力支付。

在西方资本主义社会体系中，金钱发挥着绝对的核心作用，可以说，是金钱在驱动世界运转。只要还在这个体系中生存，就必须接受这一点。同时，如果能够很好地处理金钱的问题，我们的生活就会变得更易掌控。当我们的经济条件更好时，人生也可能变得更丰满，我们可以更好地体会人生的意义，我们可以帮助他人，可以更健康、更充实地生活。我想，我能够在财富这个话题上为你提供一些帮助。在股票市场上每月获得5位数的收益是可以实现的。让我们从第一步开始，每个月比现在多收入500欧元，如何？我希望你有了钱之后可以生活得更好，更富裕。

“富足”是我人生的一个关键词，它不仅意味着金钱方面的富裕，也有承担社会责任和保护生态环境的内涵。我是秉持这种理念生活的。我这一生好像其他事都不擅长，只擅长赚钱和处理钱的问题。我是富裕的，但我不是仅靠讲课或者写书变得富裕的，我也不是为了赚钱才写这本书的。我写这本书的目的是分享我对财富的认识。我想告诉大家，我们对于财富的理解，除了自豪的、剥削的、个人富足这些方面，还可以有其他视角。在这方面，我甚至认为自己也许可以充当一次榜样，即便大家一听到榜样这个词就会联想到完美的人。我不是完美的人，我也不会试图把自己粉饰得很完美，我不想让大家这样看我。我既不是明星也不是慈善家，更不是一个凡事永远正确的人。我有我的强项，比如在赚钱方面，但也有很多事情我并不擅长。我想脚踏实地地做事，我做其他事情也是这样的态度，我不会因为想为某些正确的事做出贡献就标榜自己知道一切，然后去兜售经验。

此刻，我还想附上几句我想对乌尔丽克·谢尔曼女士说的话。在我写作本书的过程中，乌尔丽克女士作为一名心理学家以及经验丰富的畅销书作家，给予了我很多陪伴和帮助。在本书的许多方面，尤其是个性发展和人生意义这些内容上，她的观点给了我很多启发。她在上述话题方面可谓绝对的专家，她的工作就是帮助人们，使人们可以内心自由、真实地去生活。在财富与个性发展的问题上，我与她进行了很多交流。我很荣幸她能够在本书中分享她25年的工作经验。

本书共有5章。第1章是对金钱之于人的意义进行全面、整体的阐述，同时我提到了我们面临的财富教育全面缺失的问题。

第2章的内容是我认为正确的财富行为应该是什么样的。为了进行良好的资金管理，获得健康的个人财务体系，应该为工作和生活制定一个好的财务策略，以及在赚钱的同时减少消费和负债，为此我们具体可以做些什么。

第3章阐释了财富个性，在这一章节我将告诉你，如果想要持续赚钱，需要做出哪些个性上的改变，需要做哪些事情，需要面对和解决哪些困难。

在第4章我分析了在股票市场上凭借明智的投资行为而获利的可能性。在这里，你可以先获得初步概念，尽管这在现实生活中是远远不够的。我们无法在一本书中将这个问题全然阐述清楚。我希望的是，你至少先有一个概念，了解这件事是如何实现的。

第5章将探讨在财务自由的前提下如何活出自我，并与其他人分享幸福，即我们需要拥有哪些道德价值观念，以及我们可以做哪些具体的事来让世界变得更美好。

亲爱的读者朋友，我衷心地希望这本书可以帮助你在看待财富和管理财富这个问题上更加游刃有余，使你的生活更加富足、充实，进而使你站在更广阔的天地中造福世界。

菲利普·穆勒，写于2020年2月

1 认知财富：财富驱动世界

缺失的财富教育

几年前，我的大儿子上小学二年级，他在学校的数学课上学习了“硬币和纸币”。一天下午，我回到家，妻子跟我说：

“亲爱的，老师给我们留了个小作业。”

“是什么？”

“老师让你有空给她打个电话。”

好吧……我看了一眼儿子的作业本，实际上老师的留言很客气：“亲爱的学生家长，可以请你给我回电吗？”妻子只是向我转述了老师的真实语气。于是我给帕特里克女士打了个电话。

“亲爱的老师，帕特里克女士，你好。我是菲利普·穆勒。你在孩子的作业本上留言，要我们给你回个电话。”

“哦！”她说，“能接到你的电话太好了。”

不得不说，以她的年纪几乎可以当我的女儿了。她非常敬业，而且我发现，她真的很关心学生，我觉得这一点很好。

“是孩子出什么事了吗？”

“是这样的，”她说，“今天在课堂上，我们组织学生认识货币，我们准备了全套的硬币，还有 5 欧元、10 欧元和 20 欧元的纸币，这些比较适合二年级的学生学习。其间，你的儿子举手要求发言，然后他当着全班同学的面说，还差 50 欧元、100 欧元、200 欧元和 500 欧元面值的没有学习。”

“哦。”我说，我猜到了老师接下来会说什么。好吧，虽然这个电话是我打给人家的。

“于是，我对他说，”老师接着说，“你还太小，不需要认识这么大面值的钱。”

听到这儿，我在心里偷着乐。我知道儿子接下来会说什么了，因为有其父必有其子。

“然后，他就说……”

老师还想继续说下去，但是我打断了她的话。

“我知道他说了什么。”

老师不说话了，沉默了估计有一分钟的时间。

“他肯定说，他最喜欢 500 欧元，对吧？”我略显高兴地说。

电话那头，老师的语气听起来已经没那么平静了，或许有点儿激动，还有点儿气愤，同时又有些担忧。

“他为什么那么喜欢 500 欧元的？他居然说，第一喜欢 500 欧元的，第二喜欢 200 欧元的！”

我在心里暗自合计，菲利普，这才是二年级开学，之后三年，这位老师都会给你儿子上数学课。到底怎样表达才能让她觉得她的教学真的很有意义呢？于是我说："老师，你看，我的工作就是跟钱有关，我也是个老师，给成年人上课，教大人学习'钱'。所以有时候，我和他妈妈会在家谈论钱的话题，有一次，我们想让孩子看看所有面值的纸币。于是，我们就一起围在餐桌旁，我们把当时手头有的纸币都摊在了桌子上，有一张 500 欧元的，一张 200 欧元的和一张 100 欧元的。当时他就跟我说，爸爸，我最喜欢 500 欧元的！"

感觉电话那头又平静了一些，但我还是能从她的呼吸中感受到一丝丝紧张的情绪。或许，她觉得我们这家人有点儿荒唐？那也没有办法，有些观点我还是要表达出来。

"老师，帕特里克女士，你的教学计划才刚刚开始，所以我说的话不是针对你。但是，我坚持认为，我们在带着孩子认识钱的时候，告诉孩子们 50 欧元、100 欧元、200 欧元、500 欧元这种大面值的钱跟他们没有关系绝对是一种错误的教学方式。孩子们什么都不懂，他们只会全然接受我们教给他们的信息，然后不断地去证实他们学到的东西是正确的。相反，他们必须从小就知道，钱，包括大面值的钱，都是与他们息息相关的。只有这样，他们才会从现在就开始考虑，他们做哪些事可以获得 500 欧元。多年以后，也许是 10 年后，他们自然就学会了赚钱，这对他们来说是好事，也是他们更好地生活、求学和工作的必备技能。"

我和老师的通话在一片尴尬中结束了。老师后来就不愿再多说什么了，我们礼貌地结束了通话。我希望我正确地表达了我的意思，而不是让老师觉得这个家长很傲慢。也许，放下电话，她会思考吧，反正我是陷入了思考。

有钱的人就是炫富狂魔、势利眼或者财迷吗？

在她眼里，我是什么形象？我是一个炫富狂魔，被埋在钱堆里，一不小心就把500欧元扔给孩子玩儿，而且教会了孩子这种拿钱不当回事的态度？还是在她眼里，我就是一个傲慢无礼的势利眼，我在企图教育一个被顽皮学生困扰的老师，告诉她数学课应该怎么上？又或者我是一个财迷，通过隐晦的甚至不正当的手段搞到了很多钱？我有这些想法没什么奇怪的，毕竟在我们的社会中，炫富、势利眼、财迷都是对有钱人的惯用描述。慢慢地，人们都不想被说成是有钱人了。这种把人归类的行为是不对的，但是之后这种情况还是会频繁发生。

而现在，我只想弄清楚，如果学校中关于“钱”的教育是如此进行的，那么对我们每个人、对整个社会来说，这意味着什么。

我们全然不了解金钱

与老师的通话让我久久不能平静。关于钱的知识我们无处可学，因此，大多数人也不会处理与此相关的事情。可能是因为我太关注这个问题了，所以我对它的感触比其他人更多。这是一个让人感到悲伤的现实，我越来越难过，感到气愤，甚至略感苦涩。如果学校里财富教育缺失的情况能够有所改变，在学习“硬币和纸币”的课堂上不再只介绍小面值的钱，没有太多财富思维的老师不会再训斥少数几个对此有多一些思考的学生，那会怎样？如果在学校，我们开始推广真正的财富教育，世界会变成什么样子？

于是，几周以后，我突然萌生了一个想法，乍一听这可能会显得很冒进，但马上又会令人感觉非常实际：孩子们如果能在学校里学习如何与财富共处，培养良好的财富行为，那会怎样？来自贫困家庭的孩子可以因此获得哪些机会？我是不是能成为在学校里发起财富教育的那个人，讲一讲现在的“硬币与纸币”课堂上没有涉及的东西？就是现在！我要给学校教育带来一些改变。

一个教育电影的制片人曾经到我的投资学院拜访，我打算同他合作，拍一部教育电影，然后在德国的学校里放映。我们的计划听起来就很带劲：我们首先从互联网上下载了16个联邦州的学校的教学计划。顺便说一下，这完全是公开资源，谁都可以去下载。我们把全部年级的教学计划都按照关键词“钱”搜索了一遍之后，事实就变得更加清楚了：一名普通德国学生在上大学以前，接受的“金钱”教育的时长为15~20个课时，就是这么少。

实际上，在资本主义社会中，财富教育全然被忽略了，这确实是值得注意的问题。我认为这是一场灾难。要知道，是金钱在驱动世界运转，而我们才给予财富教育区区十几个小时的时间。钱是经济体系的基础，没有钱我们无法生存，无法保持健康，没有足够的东西吃，也没有房子住。人们为了钱到处奔走，因为没钱而饱受折磨；钱引发了金融市场的过度问题、腐败、欺诈和丑闻；也是钱，让有些人走投无路选择自杀，甚至引发杀戮和战争；钱可以点燃人心底的贪欲，驱使人为了钱而倾轧其他人和其他公司，甚至将整个国家夷为平地；钱还可以让人一夜之间成为千万富翁。当然，这些都不是钱本身的问题，钱自己完成不了这些，在中间起作用的，是人们用钱去做了什么，以及人们如何理解财富。

尽管我在小时候和青年时期也没有接受过关于金钱的教育。但是，我在最近几年开始有意识地思考财富教育缺失的问题。现实告诉我，时至今日，我们的教育体系、我们的社会在培养人们树立自然而然的、无偏见的财富观念方面，做的还远远不够。人们都很好奇，为什么

财富教育有必要成为一个单独的教学学科。

真正富裕的人这么少。金钱在很大程度上影响着我们的生活，左右着政治决策，影响着世界上的各种决定，从这个角度来说，财富教育绝对有必要成为一个单独的教学学科，就像数学、语文和生物一样，而不是在小学一二年级的数学课上被一带而过。

被全然忽略的可不仅仅是狭义的金钱或者财务，还有买、卖、资本主义、税务、节约、捐赠、利息、证券和如何看资产负债表。此外，更重要的与财富教育相关的内容包括如何通过交流、个性培养、说话技巧、企业家精神、谈判去激励人和引导人。显然，这些内容对教育部来说，没有让孩子们知道非洲最长的河和古希腊的文物重要，也没有在生物课上研究果蝇杂交以确定其基因型重要。总之，能够让生活在资本主义社会、被金钱驱动的体系内的孩子们今后走向成功而自由的人生的事情，现在都没人教给他们。

其实，成年人也有接受财富教育的需求，我们需要寻求教练、导师或者榜样。我就经常向那些在财富问题上比我有经验的人学习。我们可以在社区里找到最成功的人，将他们视为榜样，向他们学习怎样做生意。如果我们想有好的收入，销售、演示、推介等都是我们必须要学习的。

财富教育在学校

我，或者说我们，可以选择继续吐槽学校教育，关于这个话题，我可以写上好几页。但是，我更愿意选择问问自己，我们能为此做些什么。比如，我的工作目标就是在德语区范围内打造一个财富教育中心，让尽可能多的成年人有机会接触良好的财富教育。对青少年来说也是一样，每当父母带着正值青春期的儿子或者女儿一起来参加我们的课程时，我就喜出望外。引用之前一个学员的话："我感觉对我儿子今后的发展来说，这两天的研讨会比他之前 8 年在学校上的所有课都有用。"

我也想通过本书表达我对财富教育的看法，为此，我将继续推进我的核心项目"财富教育在学校"。出于种种原因，在全德国的所有学校推广教育影片的计划最终未能实现，就像我没能在电话中说服帕特里克老师接受我的观点一样。但是我坚信，这个项目早晚会成功的。我对这个项目充满热情，我要让每个 16~18 岁的高中毕业生都了解何为金钱，以及如何赚钱。他们应该明白，每个人都有致富的机会，穷人有机会，负债累累的家庭有机会，总是觉得自己是失败者的人同样有机会。

给自己找一个财富导师！

我希望所有孩子都能接受财富教育。成年之后再接受财富教育，就必须有天时地利的条件，他需要知道存在这样一种教学，同时还要对此感兴趣，并且不能让自己被种种偏见吓跑。请帮自己一个忙，给自己找一位这方面的导师。如果你就是不想自己管钱，请至少找一位付费顾问。我说的不是那种赚取证券基金或者保险经纪佣金的顾问，而是那种直接收咨询费的顾问。自己管理自己的钱是一种完全不同的体验，但不是每个人都喜欢肩负这么大的责任，有的人是没有时间，因此，把钱交给财务顾问打理更好一些，交给银行顾问也行。

与现实和解

几乎没有人告诉过我们金钱到底是怎么回事，而告诉我们的人，他们往往并不擅长赚钱。尽管财富教育的缺失令人遗憾，但它也有好处，那就是当我们意识到自己没有财富方面的知识时，我们会很容易与自己和解，因为这不是我们的错，不是我的错，也不是你的错。如果我们不能很好地处理财务问题，当我们背负债务或者生活拮据，甚至总是无法让自己感受到快乐、轻松或者宽慰时，那就可能与我们至今仍缺乏财富教育有关。没人告诉我们应该怎么做，错不在我们。

我衷心地希望你能与自己和解，因为我十分清楚一个人在内心纠结的时候是什么感觉。做出改变的第一步永远是：意识到问题的存在，然后去探究其发生的原因以及具体是如何发生的。接下来我们才能与不如意的现实和平共处，并对自己说，现在这样也很好。如此，我们才能继续前进。

能与现实和平共处的人，才能有所发展。

生活中其他方面也一样。比如，我坐在镜子前看着镜子里面的自己，想着我的肚子怎么这么大。假如只是这样想着，那么大肚子永远都不会消失。在负债、缺钱和仇富这些事情上道理也一样。如果我们继续对着镜子评价自己的高矮胖瘦，看肚子看胸，或者继续想“我怎么有这么多负债啊，这全怪我自己啊”之类的事，那么一切都不会有什么改变，因为我们永远只会跟自己较劲。压力导致压力反噬。

我们必须开始接受自己，爱现在的自己。否则，我们甚至不必尝试致富。接受自己，也包括承认我们确实尚未接受财富教育。这就是为何我要先用这么大的篇幅指出财富教育缺失的问题。

我鼓励你，在当下的财务条件下追求自由，这当然不是说你不用再去致富了。你在本书中可以学习到关于财富的诸多事情。其中首要的，就是朝着富足的方向继续培养自己的财富行为、对待财富的态度以及财富个性。下面的基本原则将贯穿全书。

先养成好的个性，再想着赚钱。

这个先后顺序不能改变。个性的培养需要时间、意愿和方法，这样才可以更好地前进，以避免浪费不必要的时间。财富个性成熟之后，我们就会逐步做出更多正确的选择，获得更多致富的机遇，提高收入，积累财富。我们可以收获新的经验，找到适合自己的道路，可能还会开始尝试新的方法积累财富，比如，投资不动产、股票，或者厉行节约。最重要的是，我们负责任地选择一条适合自己的路，赚足够的钱，好好生活——即便老了也能好好生活。让每个人都成为百万富翁、千万富翁不是本书的目的，我从不这样承诺别人，这是不现实的。但是，拥有足够的钱、过上好的生活还是有意义的。请记住一句非常重要的话：

在我们的经济与金融体系中，赚足够的钱、过上好的生活是完全有可能的。

当你做到爱自己、享受当下之后，我们就可以探讨关于财富的话题了。首先就是金融体系的基本原理：金钱是什么，它是如何分配的，以及未来的财富模型是什么样的。

金钱无善恶之分

金钱到底是什么？这个问题不容易回答。假如你是一位数学教师，你能马上对自己的子女、学校的学生解释清楚这个问题吗？你会怎样说？你会说金钱是一种东西，我们可以用它来买其他东西？不过，这倒是寻找一个好答案的开始：金钱不是，或者不仅仅是一种支付手段。人们用金钱交换自己想要的东西。这种说法你之前肯定看过或者听过，因为这是比较传统的定义。很久以前，我们用面包换鸡蛋，用牛换猪，用水果换草药，这是人类社会以物易物的阶段。后来，人类社会发展到用等价货币来交换货品的阶段，这种状态持续至今，金钱的出现简化了物物相易的过程。钱物交换很重要，因为当一个人需要面包的时候，他手头不一定总是有鸡蛋。

支付工具是对金钱最简单的解读，但这不是金钱唯一的内涵。当金钱作为一种支付工具时，它意味着一种能量的转化。这层含义相对较难表述，因为它不是直观的。当我们用金钱进行交易时，实际上是在进行能量的流转，比如，我们在某个事物或者某种价值上投入精力或能量，通过交易，我们就可以因之前的投入而获得相应的货币价值。这种投入包括过往积累的知识、付出的时间和努力，此外还有本书重点关注的话题——个人经验和个人发展。

金钱是什么？
只是一种支付工具吗？

积极看待财富

我们在前一小节探讨过金钱是一种支付工具、一种能量表现形式，这种解读影响了你对这个话题的认知吗？如果我们看待财富的视角以及对待财富的态度确实给你带来了触动，真正影响到你，那么请记住我的观点：所有围绕财富这个话题引发的故事、观点、信念和情绪，都只是在束缚我们自己。所谓财富是邪恶的、肮脏的，或者财富能够带来幸福，这些观点都是无稽之谈。财富本身无法作恶也无法为善，钱就是钱，只是一种支付工具，此外别无其他。

金钱本身无善恶之分，它是中性的。

但是，我们用金钱来做什么，我们从财富中看到了什么，别人又用金钱做了什么，这些最终都会投射到金钱上。有的人用金钱为重症患儿治病，有的人却开设了生产军用武器的工厂；有的政府投入资金培育森林，有的政府却砍伐森林来建牧场；有的人为了金钱欺骗他人、盗窃、自杀，甚至发动战争，有的人却选择努力工作，以企业家的精神开拓进取；有的人可以为了金钱做任何事，有的人选择什么都不做；有的人因为不想说谎或作弊而没有抓住有利的机会；有的人放弃了一个看似很好的机会，原因是他不想引人注意，或者他头脑中有一个声音告诉他要远离这件事。我们可以从人们对待财富的态度上看出他们的性格，有的人因为金钱而变得贪婪、自私、谎话连篇、深陷痛苦，而有的人却可以因为金钱而变得更加慷慨、幸运、自由，也更有使命感。

金钱本身不会抹杀个性。

当与财富扯上关系的时候，什么事都是有可能的，但这一切，其实都是人性在金钱上的投影。还是那句话，金钱是中性的。

金钱本身并不会抹杀一个人的个性，之后我们会更加深入地探讨这个话题。这也是我出版这本书的重要原因之一，我要彻底改变一种错误的观念，那就是富人都是自私鬼，或者他们都是通过不正当的手段致富的。我不想让大家再有一种错觉，相信财富能从天而降，或请负起责任来，正确对待财富！

者一个人有没有钱全凭运气。尽管世界原本就是不公平的，有人能继承财产，有人却不能；有人能中彩票，有人却不能。但是，在这个世界上，剔除幸运和不幸的情况，除了欺骗和窃取，仍然有很多事情是我们可以脚踏实地去做，从而获得财富的。

我想让人们对财富有一个全新的、积极的认识，对富足的生活有一种全新的看法。我想以我自己为例证明，尽管我有很多钱，但是我并不是一个贪婪鬼。如果说个人的财富行为能够在一个或者多个维度上影响他人，那么我期待我能够传递更高的道德价值，尽可能地去影响更多的人，引导他们在过上富裕生活的同时秉承道德价值、个人使命、社会和生态责任，使索取和给予达到平衡。在此，我想再次强调财富是什么，这取决于我们用财富做了什么。我们需要付诸行动，在一些事情上投入精力，包括智力、行动和时间，才能获得财富。

做好准备，迎接财富

所谓的“被动收入”根本就是不存在的，有投入才能有收获。我们必须投入一些东西，能量才能流转起来，在这个过程中，财富才能被创造出来。然而，这世界上有许多人不愿为此付出任何努力。所有想致富的人，包括你，在读这本书的时候，都需要严肃、认真地问问自己，是否已经做好了为致富而付出时间和辛苦，努力工作和重塑个性的准备，以及可以接受在多大程度上优化或改变自己的生活。又比如，你是否能做到，在说到金钱这个词的时候不再使用戏谑的语气，从此对钱有一个端正的态度。若你已经从本书中获得了“一丝丝”动力，这就是个良好的开始。

“一丝丝”被打了双引号是有原因的，我知道，将我的建议转化为实践对某个人或者某些人来说并不像看起来那么容易。如果我们周围的朋友都对金钱有一种玩世不恭的态度，那么我们也很难对金钱有严肃的态度。如果父母告诉我们，金钱是肮脏的，富人都不是什么好人，那么我们也不会再想变成富人。设想一个刚刚开始独立抚养三个孩子的人，白天超额工作，等到晚上孩子们终于睡了，他肯定也只想立即倒头就睡，哪里会再花时间思考财富的问题。

但是，我可以向你保证，如果愿意尝试，你一定会收获意想不到的结果。尝试正确对待财富，这会让你的余生受益，长此以往可以让我们事半功倍，这样我们就可以将更多时间和精力用在对我们真正重要的事情上。

心态测试

在研讨会和演讲中，我经常让人们进行下面这个小测试，即所谓的“心态测试”。我也经常因此遭受愤怒的目光，但恰恰是这种目光让我知道，我的测试目的达到了。你现在可以自己尝试测试一下：接下来，你会一次性读到两句话，你的任务就是，准确地捕捉自己在读到句子的一瞬间的感受，请一定要对自己诚实，当时有什么想法、情绪、肢体感受，都要记下来。身体的哪一部分有哪种感觉也很重要。读完句子之后可以把眼睛闭起来，这可以帮助你进行有效的自我感知。

第一句：我特别爱钱，就像爱我的家人一样。

读了这句话，你是什么感觉？你的情绪是什么？请捕捉真实的感受。你的身体感受是怎样的，具体是身体的哪一部分产生的感觉？是生气、愤慨、感觉被挑衅，还是讨厌？是不是脖子上青筋暴起，想着“这两件事怎么能相提并论呢”？！如果你愿意，你也可以把内心的想法和感觉写下来，包括所有刚刚出现的感受。顺便说一句，记录不仅仅可以用在这个测试上，读这本书的时候，你可以准备一张纸和一支笔，随时记录你的读书感受和当下的决定。

第二句：我特别珍惜健康，就像珍惜家人一样。

这句就感觉好多了吧？是不是跟上一句的感觉完全不一样？此时的自我感知和身体感受是很有意思的。

这个测试之后，我在研讨会上向学员们提出了一个问题：“健康和家人哪个更重要？”正反两面的支持者都能提出很多有力的论点。但我很快便打断了关于这个问题的讨论，因为让大家感受到健康或者家人是很难抉择的就够了。如果我的问题是，家人和金钱哪个更重要，或者健康和金钱哪个更重要，答案就很简单明确了，家人和健康都远比金钱更重要。

事实上，这种思考问题的方式在社会上也很常见。相较于金钱，我们赋予家庭和健康更高的价值，但是有趣的是，很多人每天工作8~10个小时，却很少有时间陪伴家人，也吝于在自己喜欢的事情上花费时间。

让我们回到这个选择测试上来，这种比较性的，要求大家在健康、金钱或者家庭中选择一个的问题本身就是贫穷思维的表现。《圣经》也说过，人们是在选择中过活的，我并不是特别认可这种思维。人们到底是从什么时候开始产生了一种观念，必须在健康、家庭、运动、自由或者财富之间做出选择的？我觉得第一个问题对我来说没什么难回答的，我就是爱我的钱，就像爱我的家人一样！我坚持这种观点的原因是，我认为每个付出了百分之百努力，拥有百分之百热情的人都有能力去做更多事，热爱更多东西。

健康、家庭还是财富？这种比较性问题本身就是贫穷思维的表现。

不是资源问题，而是分配问题

我想跟大家讲一个我的老朋友拉斯的故事。他的故事向我们说明了金融体系是如何运转的，以及它还欠缺什么。

只会做业务的银行职员拉斯

拉斯也很关注财富问题，在这方面，他跟我一样。大概 20 年前，那时候，我正在创立我在金融领域的第一家公司，而拉斯接受了银行职员的培训，在一家银行工作了一段时间之后，他又去进修。我们那时候难得见一面，因为他在工作之余还要参加继续教育，这让他变得非常忙。

然而一天晚上，我的电话突然响了，是拉斯打来的。一个天性乐观的人，这次却一反常态，听起来闷闷不乐的："菲利普，我们见一面吧，我需要跟你聊聊。"我瞬时听出来了，我们这次是非见不可了，他的语气中透露出了一种紧迫，这是我之前从未感受到的。

没过一会儿，我和他已经坐在我们最爱的意大利餐厅里了。回首往事，当时我和拉斯的那段谈话成了我人生的关键经历。那种交流，多年之后我才意识到它真正的意义所在。那个时候的我是领会不到的，否则我早就把这样的领悟应用于我的人生了。当时的我太年轻了，我欠缺很多东西，因此不能理解其中的深意。

> 那时的谈话，
> 对我而言，
> 是人生的关键经历。

我们坐在餐厅一个安静的角落里，点了一个大比萨。拉斯给我讲他们银行的事："想象一下，菲利普，当年我参加过银行职员培训课程，我也当过银行职员，干过银行的工作。你知道这意味着什么吗？就是你需要去卖人寿保险和养老保险，签房屋储蓄合同，办理基金业务或者定期存款业务，有时候还要办些贷款业务。因为我在这些方面都表现得非常优秀，什么都干得好，一年之后我的老板就对我说：'拉斯，你的表现简直让我太惊喜了。咱们银行可以给你提供一个公费学习的机会。如果你愿意，你可以成为一个银行业务专家，你应该再上一个新台阶。'"

"你肯定没有拒绝。"我说。我太了解拉斯了，我知道，他是一个上进心很强的人。

"我肯定想去呀！"拉斯嗓门都变大了，语调有些尖锐，服务员都向我们这边看过来。拉斯越说越兴奋，继续给我讲。

"我当然对他的建议感到非常兴奋也很自豪。我问他将来对我有什么工作安排。他说会给我一个管理职位，也会给我更多的工资。"

我点头，然后开始想象还有什么，"所以你现在是已经有了更高级别的新名片了？上面印着特殊字体，而且有浮雕徽章，对吧？"拉斯点了点头，从兜里掏出了他的名片夹。我们两个把头凑在一起，欣赏了一遍他的新名片，他的新名片看起来确实很贵。我把我的名片放在他的名片旁边，相比之下，我的那个就显得太廉价了。于是，我俩都笑起来，拉斯终于露出了笑容。

“这两年，我周六总是往银行业协会跑，我要去上课。现在我确实是银行业务专家了。可是菲利普，我的日子又跟从前一样了。我又开始卖人寿保险和养老保险，继续签房屋储蓄合同，办理基金业务或者定期存款业务，偶尔还办些贷款业务或者隔夜拆借业务。”

听到这儿，我瞪大了双眼，都忘了嘴里的比萨。“怎么可能？总得有点儿改变吧？！你忙活了两年，每个周六你都学什么了？”

“我想说，跟两年前相比，我会的东西的确变多了。好吧，还是有很大变化的：客户现在已经不能想找我就找我了，他们需要预约，因为我现在是专业咨询师，我坐在玻璃理财室里面。另外就是，跟之前的客户相比，我现在的客户账户里的钱更多了，否则他们也坐不到理财室里面来。”

“当然了，还有名片上的浮雕徽章和特殊字体。”我意识到，我说这话的时候透着点儿讽刺的意味。我真不该这样，因为拉斯已经是六神无主的状态了。他听起来几近绝望，这也是我俩紧急碰面的原因。

“拉斯，你倒是说说，所有事情现在到底怎么你了？”

“菲利普，我真的不知道。我就是感觉，我可能是掉进坑里了。我做这一切是为了什么？我未来要去哪里？难道我要在这个玻璃理财室里面坐 35 年吗？我还需要学点儿什么？当我知道养老保险到底是怎么回事的时候，我就能卖得更好吗？”

平心而论，每当回忆起这段谈话的时候，我都不是特别开心，这不仅仅是因为当时我无法领会其中的意义，更是因为我没能帮上拉斯。我并不知道如何改变现实，不过这也只是部分原因。当时的我就没有做好准备。那时我想，拉斯学的就是银行业务，他也一直是个有激情的银行职员。我应该建议他像我一样出来单干吗？我应该建议他放弃过往的一切吗？那时的我显然是不够确信的。如果换作今天，我肯定能衷心地给予他一些更好的建议。

之后，我们又聊了聊现状，回忆了之前的一些事，然后很快就结账回家了，因为第二天早上拉斯还得早起去银行上班。对他来说，把一切都讲出来就等于释放了。之后没多久，拉斯从银行辞职了。

> 银行旧的商业模式已经不复存在。

银行到底是做什么的？银行经营客户的资金，这是银行的经营模式。我们作为银行的客户，在把钱交给银行后又想得到什么呢？上一辈人都知道，是为了获得利息。未来 10 年，我们可能就需要向下一代年轻人解释这件事了：早些年，贷款需要支付利息，而存款可以获得利息。顺便提一句，若银行不再经营生息业务，这可能是对金融体系最大的挑战。现有的金融体系能够持续运转，靠的是利息收入，但是很遗憾，现在的银行已经快没有利息收入了。无论是国家、地区、城市、社区，还是很多企业和个人，都不需要支付利息了。试想一下，这几年购置不动产的那些人，如果让他们像从前那样，支付 8%、9% 或者 10% 的贷款利息，那会出现什么情况？我猜，过去 5 年里，80% 的不动产交易都得搁浅。总而言之，银行旧的商业模式已经不复存在，只是我们作为普通客户还没有意识到罢了。

尽管上面的情况也很重要，但我只是顺便提一句。拉斯的故事的重点不是这个，我也是很多年之后才明白的，因为 20 年前，拉斯在银行上班的时候，银行旧的经营模式还是奏效的。那时候，拉斯释放出来的信息通常是他精通银行业务，而不是善于跟钱打交道，其中的差异是巨大的。我们会本能地认为，银行职员在处理与财富有关的任何问题方面都很专业，他们了解金融体系的运行情况，也知道如何发家致富，他们可以帮助客户用钱生钱。然而，实际情况却不是这样的。拉斯参加了银行职员的培训，后来又成了银行业务专家，他学习的是银行职员如何把银行产品推销给客户，这更侧重于银行产品营销，而不是如何让人变得富裕，这与我这本书的主题无关。其中的重大区别是：搞银行业务的人考虑的是如何从客户身上赚钱；而精于致富的人考虑的则是如何让自己或他人的财富增值。这种人不需要银行或者银行职员的服务。

为什么专业顾问帮不上我们?

你可能觉得，我对银行职员和他们的职业能力的态度有些傲慢并失之偏颇。那么，我们就来进行一个非常简单的测试好了。

测试一：你有银行顾问或者保险经纪人、业务代理、财富顾问吗？无论他们如何称呼自己都一样。你认识的人里面有没有人有银行顾问？如果你是手头有余钱、有存款需求的人，那么我估计你肯定有。在德语区内，大部分有些财产的人基本都有一位财富顾问在帮助他们打理资金事务。接下来我们看测试二：你的财富顾问自己富裕，是百万富翁吗？

大部分德国人都把管理财产的责任委托给了根本帮不上忙的第三方，这就是问题所在。我们是想让财富增值以安度晚年的，对我们来说，这不仅仅是一个问题，基本上都是一个灾难了。我们把钱委托给了银行顾问或其他顾问，但是结果总让我们失望，这是什么原因呢？

> 你的银行业务顾问是百万富翁吗?

原因在于，这些顾问只学习了银行业务

或者保险业务，他们不见得了解财富。作为银行职员，他们代表银行从客户那里赚钱，之前在客户办理业务还能获得利息的时候，客户尚能接受这种情况，但是现在，因为利率下行和通货膨胀，客户基本上没有利息收入了，银行的这种经营模式恐怕就行不通了。我们得赶紧为财富增值寻找一个新出路。如果某位财富顾问有比较全面的财富管理能力，那么他能做的可能不仅仅是从客户处汇集资金，然后从客户身上赚钱。但是他工作的本质是帮助银行，不是我们。

与拉斯的谈话已经是很久之前的事了，我还想举一个近期的例子——我的同事亨尼西的故事，此刻，他正坐在我对面的写字台旁，他之前也是一名银行职员。

金融从业者亨尼西

高中毕业 19 年之后，亨尼西决定参加一个银行业务培训班，之后他参加了不来梅地区一家银行的招聘。这家银行有一个很大的交易室，里面能容纳 50 多人，这些人专注于股票、固定收益有价证券、外汇和大宗商品交易。这一切都让亨尼西觉得，他宏伟的目标在那一刻仿佛触手可及。面试结束后，他就签了工作合同，而且很快投入了工作，这一切都比他想象中要快。

之后的 10 年，亨尼西相继在法兰克福、杜塞尔多夫、汉堡和纽约的不同银行工作，他还考取了德国证券交易所的股票和期货交易员资格。那段时间是他人生的高光时刻。他偶尔会跟我提起那段往事，比如，他年纪轻轻就经手合同金额高达 8 位数的业务了。除此之外，他还操盘银行股权资金，这一切都让他异常兴奋。

然而，渐渐地，亨尼西注意到了一些他一开始没有想到的问题，而且这种感觉越发清晰：他发现自己好像被套牢了，就像被困在著名的“仓鼠轮”上一样。每天有10~12小时的时间，他满眼都是电脑屏幕，他必须持续关注屏幕上的所有信息。怎么说呢，责任很大，大到已经变成了一种负担。呵呵，交易员的工作就好比待在一个金丝笼里，但是，再好的笼子终究只是个笼子。

每天困在“仓鼠轮”上12个小时。

2017年，亨尼西听说我这边有投资方面的研讨会。他起初想他已经是职业操盘手了，听这种讲座估计不会有什么用。但幸运的是，最后他还是来参加了。听完之后，他确信，虽然之前他掌握了一些如何将策略、方法和实践结合在一起的理论，但是研讨会的内容对他来说是全新的。

研讨会之后，他久久不能平静。他开始重新审视金融体系，想了很多。不过几个月的时间，他便想清楚了，他必须脱离传统的金融领域。“金融机构用你的钱赚了更多钱，你却连口汤也喝不到。”他是这样评价传统金融体系的。于是，亨尼西离职了，放弃了他收入颇丰的职位。时至今日，他用自己的亲身经历证明了一个人是如何在没有财富顾问、没有银行顾问也没有其他类似人员帮助的情况下从证券市场中取得稳定收益的。这对他来说简直是历史性的进步。来听我研讨会的其他学员、我团队的成员，他们的经历也可以证明这一点。

令我感动和欣喜的是，亨尼西作为一个专业且资深的操盘手，也如此认同这种替代策略。这就证明了，在传统金融体系之外，还有通向罗马的道路。这样，之后如果遇到银行顾问或者基金经理向我们推销他们的产品，想从我们身上谋利的时候，我们就不是必须接受了。

健身教练马库斯

人们总是认为，银行、保险公司、投资顾问、养老基金等是他们最好的资产管理专家。在此，我想用一个其他行业的例子来说明这种理解上的偏差。

不久前，我开始考虑控制体重的问题。请问一年中的哪一天健身房里人最多？当然是1月1日或1月2日，我也是这样。新旧年交替的时候，我突然意识到：天哪，都胖成这样了，我运动太少了。今年，我必须减肥。由于担心自己动力不足，我决定去健身房请一位私教。我到了健身房前台："你好！我预约了马库斯教练。"

我换好了健身服，回到前台。这时，迎面走过来一位教练，我心里马上开始打鼓，不会是这人当我的教练吧！回想当时的情景，现在的描述都显得特别不生动，我之所以描述每一个细节，只是为了传递其背后的信息，我只想用这个例子说明问题，而不是评价或者判断这个例子本身。

他就那样走过来了，显然他就是马库斯，是我预约的健身教练。看到他那一刻我就知道，我不会选他当我的长期教练的，因为他太胖了，他的身体看起来跟我一样壮——不是那种肌肉发达的壮，而是严重超重。但是，既然他都来了，我还是跟他完成了当天的训练。训练结束后，他从口袋里拿出手机。人人都知道，在现代社会，完成一个基于契约精神的约会有多么重要。马库斯问我："咱们下次什么时候训练？"

好的榜样会让我们相信，一切都可以实现。

此时的我有两种选择，选择一，我跟马库斯说："哦，我刚想起来，我今天身上没带日程本，要不我回家之后再给你打电话吧，我们再约具体时间。"之后，我就马上回家，换电话号码，或者改掉我在健身房登记的名字、性别等预留信息，总之，就是让马库斯再也联系不上我。之后我也不再去那个健身房，之后一整年，我就窝在家里面看电视、吃薯片好了，一点点地，最终必然地继续变胖。

选择二，我在下次训练的时候直接对马库斯说："我不能跟你一起训练了。虽然我坚信每个人都有长处，但是现在我想减肥，我想看起来更灵活一些，你当我的私教是无法为我树立一个好榜样的。我希望你不要误会我的意思。我只是需要一个榜样，每当我看见他的时候，我相信有朝一日我也能做到像他一样，看到他，我会有动力，我会相信减肥目标一定能实现。"

我为什么要举这个例子？因为聘用健身教练与将我们的资金委托给银行顾问或者其他专家打理的道理是一样的，都是建立在相同的商业逻辑之上，即他们都要从我们身上或者我们的业务中谋利，我们都是将自身的责任委托给他人代理。如果之后我们想亲自打理，我们可以随时重新接手。打理钱财与运动健身有相同之处，那就是，我们每星期都需要抽出那么一两段时间来关心一下钱财或者体重的问题。

其实，作为个人投资者，我们是十分自由和灵活的。到目前为止，我们已知的关于理财的知识和信息基本上都是从银行顾问那里得来的。其他向我们传授过理财知识的人也是要从中获利的，他们凭借这些业务致富。我的一个同事叫马库斯·霍夫曼，他是德语区知名的记忆训练师和演讲专家。他对我说过一句话："你是先富裕了，再走上讲台分享经验，而有的人，走上讲台是为了变得富裕。"

金融体系的运行逻辑

让我们深入探讨一下金融体系的运行逻辑。因为只有当我们尽可能多地了解其机制，比如不实信息时，我们才能更好地判断是否参与其中，或者另做些别的什么。

本书的主旨之一就是：

请亲手打理你的财富！

我在前文已经提到了，财富顾问的专业能力是有局限性的，这正是我们需要亲手打理财富的原因之一，但这并不是唯一的原因。有很多因素都会影响金融体系的运行，不实的信息就是关键因素之一。不实的信息会影响教育领域，尤其是基础教育领域，也会出现在银行的咨询谈话中，还会渗透到媒体的报道中。

我们在翻阅财经报纸时，总会遇到这样的情况：在一篇关于投资推荐的文章中，我们在仔细阅读后会发现，至少在全文的一个或两个关键位置会出现广告。更确切地说，这意味着基本上所有刊物都需要依靠广告收入来维持运营。通过在其中一本杂志上购买广告位，金融体系便可以操纵公民对投资和股市的看法。我无意深入探讨这个话题，也不想去怀疑写广告文章的记者甚至整个杂志的动机。但是一则广告出现在相应的版面上，确实会影响或者引导读者，这是事实。

金融体系到底有哪些参与主体？我认为是参与了该体系现金流的所有关联方，包括国际、国内、一定区域内部和企业内部多个层面。从个人到企业，再到国家，还有跨国企业和机构，参与主体往往呈现多样性特点，其中就包括普通人首先会想到的传统金融机构，比如银行、保险公司、投资公司、养老基金、基金会等。对金融体系的理解恐怕千人千面，但是我怀疑，究竟有多少人真正理解什么是金融体系。

为什么每当我们向财富顾问咨询股票证券问题的时候，哪怕是一个很简单的问题，财富顾问总是要查看很多图表和数据？为什么这些参与主体把这个体系搞得如此复杂？我们一般不会购买我们认为过于复杂的东西。故意把这个体系搞得跟迷宫一样复杂会让人们觉得自己很愚蠢，然后变得畏惧。刚开始我也很畏惧。没有人能避免这种畏惧，我希望通过这本书帮助大家尽量克服它。

金融世界是一个迷宫，让我们感到畏惧。

钱在金融体系中具有支配作用。银行顾问需要完成一定的工作任务，对其雇主负责，只有这样他们才能获得收入。因此，用尽所有手段使客户获得最多收益、让客户高兴不是他们的本质目标。银行是营利性机构，这种内在逻辑极大地限制了客户财富增长的可能性。

了解这些之后，你就会理解亲自打理个人财富的紧迫性。这件事没有想象中那么难，也不需要花很多时间。每个星期花上一个小时甚至半个小时就足够了。处理好个人与财富的关系，亲手打理财富事务，多获得一些收益。同时，如果我们能够良好地处理财富问题，生活也会平添很多乐趣。

为此，我们首先需要更好地理解自己在金融体系中所扮演的角色。之前我已经阐述了银行顾问以及保险、财富、金融等各类顾问在金融体系中起到的作用。现在，让我们更详细地分析一下普通公民，那些希望过上富足生活，尤其希望老有所养的公民，他们在金融体系中扮演了怎样的角色。

今天，我们有无限可能

今天，我们处在历史上一个前所未有的时代：没有任何时候能像今天这样，每个人都有条件去创造财富，靠自己的努力过上富裕的生活。

在本书中，我想表达一个观点：某件事是否会给我们造成麻烦是一个个人认知问题。当今社会有很好的例子可以说明这一点。我经常听到有人说，我们现在生活在一个极不公平、反人类、利己且残酷的竞争社会中。你认同这种观点吗？我觉得这种观点有一定的道理。

> 在致富方面，我们目前处于一个前所未有的好时代。

但是，你知道这个社会不只有这一个方面吗？在创造理想生活方面，没有任何一个社会比当今社会更有优势。举一个很简单的例子，请试想一下，如果你是一个木匠，做了许多家具，有柜子、床、桌子和凳子。若是在以前，你会把这些卖给谁？基本上就是卖给附近社区的人，或者范围更大一点儿，卖给在同一个城市里的人，如果你的家具特别好，你就有可能卖到全国各地。但是今天呢？如果你的家具质量过硬，得益于全球化的发展和互联网经济，这些家具可以远销全世界。我们处于一个优越的时代，虽然这个时代仍然存在令人无法忽视的问题和挑战。

这种无可比拟的优越性还体现在挣钱、创业和自由方面。人们挣钱的方式多种多样，有很多方式我听都没听说过。不久前，我认识了一名马匹物理治疗师，她住在城郊，一个月净收入可以达到 6 000 欧元。城郊住着很多养马的富人，而她的工作就是给马按摩。

同样，当今世界，几乎每个人都可以通过互联网获得进一步的培训。学生们直接看 YouTube（美国视频网站），上面有很多才华横溢、热情洋溢的老师的教学视频，这些老师会展示大量的教学图片，巧妙、风趣、有独创性地讲解二项式和《浮士德》。而且不仅仅是这些。

人们可以在线自主学习企业是如何运作的，如何提升记忆效率，税务是怎么回事，可以了解经济领域和整个世界的运行逻辑，还可以了解很多其他事情。孟加拉国的年轻女性也有机会接触互联网，甚至在线学习英语，通过网络认识更加广阔的世界。

这也意味着，在当今社会，人人都有可能获得财富。我们要坚定地相信自己。有很多教练和导师，无论是在精神层面还是在现实生活中，都会教授我们如何去做。相信自己，学习如何去做，然后开始，这就足够了。我们不需要再为养家糊口而竭尽全力，我们有条件给家人提供更好的医疗条件。甚至还有可能，我们每年都得考虑，到底要把5位数、6位数，甚至7位数的钱捐给谁，这样的话，即便我们并没有直接花精力和时间去帮助别人，去做好事，我们也活出了人生的意义。

30年前，那时候还没有计算机和互联网，个人投资者没有办法在线进行证券交易，不可能独立获得上市公司的信息，也没有途径了解一只股票，学习必要的证券知识和操盘技能。而现在，想要什么都有了。

这一切都为我们在证券市场上赚钱提供了可能。在美国，三成以上的人都参与过证券交易。而在德国，迄今为止，持有股票或股票型基金的人口约占总人口的14%，也就是大约每7个公民中有1个人参与。新的股票持有者来自多个人口圈层，年青一代对证券市场表现出了越来越大的兴趣。近年来，这种趋势越来越明显。但是总体来说，在德国，股票和证券投资仍然是一种非主流的投资选择。

股票投资是值得的。

德国人更喜欢把钱存在转账账户里面，根本没有什么利息收入，或者放在储蓄账户里，现在的存款利率也就0.1%，这根本算不上什么投资。随着时间的流逝，通货膨胀会使存量财富缩水，但是证券投资会给我们带来 3%、6%，甚至是超过 20% 的投资回报。这个收益水平不是我凭空说出的，我们一直定期回访参加投资研讨会的学员，我们是从他们那里获得的信息。就算投资者仅能获得中等水平的投资回报率，大约也有 10%。

我们可以关注一下道琼斯指数，这是世界上最知名、最受关注的股票指数，指数表现被看作股市的晴雨表。道琼斯指数包含 30 个美国大型成分股。它从 1896 年开始发布，直到今天。自 1980 年起，截至 2018 年 12 月，对道琼斯指数组成公司的投资，在投资期间的平均年化收益率达到了 9.8%。2010—2018 年的投资也呈现类似收益状态。假如你在 2010 年末购入道琼斯指数组成公司的股票，2018 年末抛出，那么这段时间的平均年化收益率可以达到 9.2%[1] 左右。这个例子向我们证明，从更广义的层面上看，股票投资为我们提供了获得高收益的较大可能性。我个人认为，在危机时期，股票投资是收益最好、最稳健的投资形式。

财富总量是充足的。

充足但不均衡的社会财富

关于为什么要学会自己打理钱财，我还有其他的理解。这不是资源总量的问题，而是资源分配的问题，世界财富的总量很充足，问题

1 详见 https://www.boerse.de/grundlagen/aktie/Renditedreieck-Dow-Jones-Hohe-durchschnittliche-Gewinne-auf-einen-Blick-sichtbar-9; https://de.statista.com/statistik/daten/studie/322795/umfrage/dow-jones-renditedreieck (2020 年 2 月 17 日检索)。

是财富没有在人口中实现更均衡地分配。乍一听，我们很难认同这个观点，但是如果仔细观察，我们就会发现，世界上的几乎所有资源都存在分配不均衡的问题。例如，根据联合国粮食及农业组织（FAO）的报告，每年有13亿吨可食用农产品在成熟之后没有被收割，或者在收割之后被扔掉了，这大约占全球农产品年产量的1/3。每年，平均每个德国人会扔掉82千克食物，全体德国人会扔掉65亿千克食物。而在有些国家，每人每天吃一勺米都很难。全世界范围内仍然有8亿人口处于饥饿当中。当然了，我们在本书中探讨的不是粮食问题，而是通过粮食的例子说明财富分配也有同类问题。

我们可以更深入地关注这个问题，获得的知识可以帮助我们鼓足勇气，让我们认识到，财富本身并不缺乏，我们可以更好地解决财富鸿沟的问题，这才是我写这本书的最终目的。我希望能够推动财富重新分配，实现方式不是掠夺富人的财富，而是增强普通人的财富竞争力。让普通人也有途径参与现有的社会财富分配，这也许会让富人的收入减少那么一点点，但是这种程度的财富缩水对富人来说根本不构成影响，这么做也不会伤害任何人的利益。每个人都可以生活富足，这种理想状态很可能在将来得以实现。

让我们看一下两个分配不均衡的事物——收入和资产的数据表现。根据德国经济社会科学研究所（WSI）近期的研究报告，当前德国的收入分配比以往任何时候都更加不均衡，社会收入越来越集中到原本收入就很高的社会群体手中。在过去的一些年里，国家经济环境良好，富人因此获益，其中社会精英阶层获益最大。反观低收入阶层，这些人在社会总人口中占比很大，大约有40%的家庭属于低收入家庭，其收入水平在这些年中没有提高，他们也没有享受到社会经济上行的红利。尽管收入差距拉大的速度不如21世纪初期那么快，但低收入家庭还是明显地被落下了。越来越多的家庭收入不足社会收入中位数的60%，因此被纳入贫困人口。2010年，贫困家庭占全德国家庭总数的14.2%，2016年达到了16.7%。近年来，德国社会的收入差距进一步拉大，不是一两个百分点，而是达到近30%。这些低收入家庭如果想越过"社会收入中位数的60%"这个标准，摘掉贫困家庭的帽子，在2005年，他们需要多收入2 873欧元，而到了2016年，他们已经需要多收入3 452欧元了。

你如何看待令人震惊的不均衡现象？

此外，得益于过去一些年有利于致富的经济环境，很多人积累了更多的财富，富人手中存量的不动产也实现了增值，这导致德国贫困人口与富裕人口之间的资产差距进一步拉大。这里所说的资产包括财产所有权、储蓄、股份和投资份额、人寿和商业养老保险所得、商业资产，此外还有贵重收藏品，例如黄金、珠宝、硬币和艺术品。在一项大规模的研究中，德国经济研究所（DIW）对3万名17岁以上的德国人进行了采访，结果显示，德国10%的最富裕人口拥有社会资产总量的56%，而较贫穷的人口仅拥有1.3%的社会资产。与世界其他国家相比，德国资产分布不均衡的情况更加严重。但值得欣慰的是，过去10年，这种资产分布不均衡的情况没有进一步恶化。2012—2017年，人均净财富平均增长了22%，达到近10.3万欧元。而所谓的将较富裕人口与相对不富裕人口区分开来的"中位数"是2.6万欧元，由此我们可以看出，财富的分配仍然是严重不均衡的。

这些数据虽然令人震惊，但是我对它们很感兴趣，因为它们恰恰验证了我的观点：社会财富的总量是充足的。现在，最关键的问题是我们如何看待上述问题。不同的人从这些数据和研究结果中可以得出截然不同的结论。

三种选择

在西方世界，我们需要稳定的收入来维持生计。我粗略统计过，面对财富问题，我们有三种选择：

1. 抗争：富于革命精神，与现行制度进行抗争。
2. 逃离：逃到一个地方，那里的资本主义经济体系根本不存在或者影响甚微。
3. 学习：了解财富世界的游戏规则，创造自己想要的收入和财富。

我们可以逐一分析这三个选项。因为即便一听就觉得第一种选择完全不着边际，我们也可能是富有革命精神的人，我们可以在内心做到与现行制度彻底隔绝。总之，一切皆有可能。

选择一：抗争

选择这种方式的人，一般都认为现行的整个财富体系是有害的，应当受到谴责。于是，他们可能内心渴望变革，或者直接做出了抗争行为。他们会高呼："金钱是万恶之源，我们要拿起武器，对抗资本主义经济制度。"2018 年夏天，在德国汉堡 G20 峰会期间就有人这样做了。他们向屋顶扔石头，表达对现行经济体制的抗议。但是，如果你已经是一名革命者，我是指真正的革命者，你是否真的相信，现在掌控世界的人会让你或者某一小部分人从他们手中夺走对世界的控制权。我猜测，如果你真的是一名革命者，你应该不会喜欢这本书接下来的内容了。其实，我也是一个有革命精神的人，但是我可能会采取其他的抗争方式。后面的两种选择对我来说更有吸引力，因为在我看来，它们更加可行。

选择二：逃离

如果我们可以放弃资本主义、自由市场经济和民主，那么逃离也许是很适合我们的一种选择。支持我们离开这个经济体系的原因数不胜数，在过去一些年里，我也时常问自己，资本主义经济体制的意义到底是什么？但是，如果真的想摆脱这种体系，我们恐怕就需要离开西方世界。我并不认为这有什么问题，因为我认识的很多人已经这样做了。世界上总还有很多地方可以供德国人、奥地利人、瑞士人，或者其他拥有中欧地区教育背景的人生活，他们凭借自身会讲多国语言的能力，凭借已经习得的技能，可以在那些地方以较低的成本快乐地生活。如果我们厌倦了资本主义经济体系，那么我们为什么还要留在金钱决定一切的中欧地区？这种说法没有意义，而且本身就是自相矛盾的，就像吃饭一样，我们热爱美食，但是吃多了会胖，我们又不能接受胖。对资本主义经济体系持怀疑态度的人也生活在同样的矛盾中。他们在西方世界生活，一方面，买车子、买房子，买什么都需要钱；另一方面，他们又想逃避财富话题，这终归是行不通的。总而言之，第二种选择就是逃离。

> 财富世界的游戏规则很简单，可就是没人告诉我们。

选择三：学习

我们现在来看一下选择三，即通过学习，了解财富世界的游戏规则，创造自己想要的收入和财富。学习财富法则并不是一件难事。这时你可能会想：“这个菲利普，说得倒是轻松，如果财富世界的游戏规则那么容易掌握，岂不是人人都富裕了？！”我肯定不是这个意思。正如我前面已经提到的，大多数人都没有变富的原因之一，是根本没有人告诉过我们财富世界的游戏规则到底是什么。我们每天生活在这样的体系中，却不知道其中的游戏规则，这种普遍存在的认知缺失是很荒唐的。

将资本主义经济体系、自由市场经济、民主和个人的道德责任融合在一起，对我来说意义非凡。同时，这对每个人来说都是最可行的选择。我们不能继续生活在极不公平、利己且残酷的竞争社会中了，我们可以通过相互扶持和帮助从中受益，从而获得更好的收入。带着这种思路，让我们继续读下去。

建立财富竞争力

我的妻子有时会说："菲利普，我发现你只有两件事情做得好，爱家和爱钱。"

我站在她旁边，心里想："哈哈，好吧好吧，我还得多谢你的夸奖了，对吧？"但是，我嘴上什么都没说，我只是笑笑，因为太太永远都是对的。不过，她说的也不是没有道理，除了家庭和财富，其他事情我做得都很一般。我不给院子除草，不怎么收拾房间，也不太会做饭。我顶多会用烤架烤些肉、奶酪或者蔬菜，这对我来说就算做饭了。我不洗车，不洗衣服，也不修水龙头。简言之，我只能，也只负责赚钱。

我想，我们之间的区别就在这里。我这样说无意冒犯谁，我相信，我的读者中肯定有一些人处理财务问题的能力也很不错。我只是想说，相较于大部分人，我在财富竞争力方面是有优势的。这就意味着，你可以从我身上获得有价值的东西。我有东西可以与大家分享，于是我就写了这本书。

我们需要通过培养良好的财富个性、养成正确的财富习惯、明确个人的财富价值观来提高财富竞争力。

当然，这并不意味着所有人都是同质化的，例如，在一些特别关键的时刻，每个人都会做出独特的选择。每个人都可以秉持异于他人的独特的财富价值观，你的价值观与我不一样，与其他所有人都不一样，这无疑是一件好事。你可以想想，自己做什么最快乐，或者自己能做什么，追求的是什么，如何帮助他人。也许，恰恰是这些独特的个人使命和人生意义，抑或你所从事的职业可以为你带来财富。当足够富裕之后，你就不需要被那个每周需要工作 40 个小时、收入低且自己不喜欢的工作捆住手脚，你可以游刃有余地践行自己的人生价值观，进一步发挥自己的长项。关于个人使命和人生意义的问题我们后续再探讨。现在，我想将你的注意力转回我最爱的财富话题上来，与你分享我对待财富的态度。

你的个人使命和人生意义可以为你带来财富。

从小我的父母就允许我摆弄钞票，我会数钱、算账，我还会存钱。我和我的双胞胎兄弟经常玩《大富翁》游戏，我们两个都会死死地盯住自己的钱袋子。我至今还能回忆起我们与父母围坐在餐桌旁玩游戏的样子。在游戏中，每次一盖新房子，我父亲都会露出顽皮的笑容，母亲总会盯着我们兄弟俩，她怕如果一个人从另一个人手里收了一笔巨额地租，我们会打起来。我兄弟一边数钱一边谋划新游戏方案的样子仿佛还在我眼前。我仍然能感受到自己在赢了一局时的那种感觉，那是一种特别好的感觉，也正是这种感觉，让我一直喜欢玩《大富翁》游戏。

时至今日，我和妻子以及两个儿子也会围在餐桌旁玩《大富翁》游戏。每次我都会真切地感受到，人确实可以通过玩这个游戏更多地认识自己，认清自己对财富的感受和想法。其实，从人生的很多事情中我们都可以获得与财富相关的感悟。反过来说，人生中发生的很多与财富有关的事情对我而言也像某种游戏，只不过是严肃又认真的游戏，因为我非常严肃且认真地想赢。对我来说输赢很重要，我绝对不会因为我的两个儿子年龄还小就让着他们。好吧，至少我不会总是让着他们。

对待财富：一场严肃的游戏。

如果每个人看待财富都如同看待一场严肃又认真的游戏，那就太好了。严肃又认真的游戏也是游戏，游戏会让我们感受到快乐，也能激起我们的胜负欲。对我来说，理财既像游戏又十分严肃。当我们把财富与安逸、快乐的感受联系在一起，又有渴望胜利的心时，我们就已经向培养扎实的财富竞争力迈出了重要的一大步。

我的使命：推动一场“财富革命”

我从来不标榜自己很会赚钱，可能我是一个有点儿酷的人吧，而且我也不指望通过做财富教练去赚快钱、赚大钱，因此，我不需要所谓的闪亮登场，即便我是欧洲最大的投资教育学院的创始人和经营者。直到不久前，很少有人知道我的名字，相较于被人推崇，我更愿意避开闪光灯。但是，我渴望在德国传播正确的财富理念，为了这个使命，我决定不再沉默和躲避。

到目前为止，我的整个人生都在关注与财富有关的事情，培养自己的财富竞争力。我通过自己学习、阅读和听别人讲授，学习关于财富的一切知识。这一切始于我对《大富翁》游戏的喜爱，以及对与财富相关的事情的热爱。随后，在青年时期，我又对如何成功投资产生了巨大的兴趣，我参加了很多不同的投资俱乐部，几乎翻遍了所有关于证券、股票和期权的图书。中间有一段时间我转而学习法律，但是事实证明，我不是一块做律师的料儿，我还是渴望成为一名成功的投资人。后来，我用了23年的时间建立了我的第一家投资咨询公司，时至今日，我已经创立了10家企业。作为股东也好董事也好，我在全世界范围内参加了不计其数的研讨会，认识了最知名的投资人和资产管理专家。在一个成员企业超过1万家、旗下管理资产高达56亿欧元的经纪人协会里，我是投资咨询委员会的常驻成员。在33岁的时候，我把所有资产都变现了，我对妻子说："我们现在有足够的钱了，我们不用再出去工作，孩子们甚至也不用工作，我们实现财务自由了。"这话听起来是不是比40岁就能退休更酷一些？不然呢？

其后有一段时间，我不靠工作的薪水生活，而是依靠资产产生的收入生活。我们夫妻二人盖了新房子，享受着大儿子刚出生时的那段时光，之后我们又有了小儿子。然而几年之后，我开始觉得日子越过越无望。我不是说当时的日子有多沮丧，只是觉得自己仿佛被困在了什么里面。妻子对我说："亲爱的，再这样下去，你除了越来越胖、越来越懒，就没有其他的了。我建议你发掘一个新爱好！"那次，我们谈了很久。诚然，情况也不像她说的那么糟，但她的意思我听明白了。除了待在家里、照顾家人，我的生活还需要有其他重心，我需要实现自我，让生活更有意义。

那么对我来说，到底什么是有意义的呢？关于这个问题，我思考了很久，结论是：除了家庭，我可能只对钱感兴趣。因此，自此之后，我的个人追求就是：我要传播一种更好的财富价值观，通过这种方式，让大家都能获得财务自由，或者至少更加接近财务自由。

有一些话题可以很好地帮助我们寻找人生的使命。在本书的第5章，我会继续探讨这个问题。乌尔丽克·谢尔曼女士作为一名心理学家，在这方面做出了很大的贡献。我们进行过交流后，我更加觉得，她提出的方法可以成功且高效地帮助人们跨越障碍、突破藩篱，继而追寻发展之路，实现人生使命。此外，她还有着专业的精神和良好的意愿，致力于关注他人的行为和思维。我们必须将自己从潜意识的禁锢中解放出来，否则这将反过来限制我们的发展，让我们总是在固有的套路中打转。关于这些，本书后续都会谈到。

对我来说，什么事情是有意义的？

我的个人使命和人生意义

第5章是关于个人使命和人生意义的。作为对第5章的预热，我们现在可以问自己一些相关问题。我把我的答案列在下面供你参考：

- 孩提时代我最喜欢做什么？——我的答案：用游戏币当作筹码的棋盘游戏。
- 现在做什么事情会让我快乐？——我的答案：赚钱和照顾家庭。

○ 我能够对世界和其他人做出什么贡献？——我的答案：传播一种更好的财富价值观，尽可能地帮助更多的人，让他们可以相对轻松地获得财务自由，或者更加接近财务自由。

研究财富是我的使命。有了这种认识，很多事情就变得更清晰了：我需要赚钱，但不是以做财富顾问的形式，我要成立一家企业来帮助其他人致富。我可以向大家介绍我是如何积累财富的，我可以基于自身经验向大家介绍正确的财富价值观，介绍如何创造财富，以及如何生活得更加惬意、更有责任感、更有价值。于是，就有了我的第一家投资学院。

2020 年，当这本书的德文版问世的时候，正值我的投资咨询公司成立 6 周年，根据公司当时的情况，它很可能已经是欧洲最大的投资学院了，同时也是为数不多被国家认可的财富教育机构之一。在这 6 年中，许多参加过我们研讨会的学员都获得了可观的额外收入，有的甚至已经实现了财务自由。但是这些还远远不够，我们需要做的事情还有很多，写这本书就是其中的一步。

我期待发动一场惠及所有普通人的财富革命！

我希望推动一场能够惠及所有普通人的财富革命，我希望能从根本上改变人们的财富行为，改变发达国家的财富分配现状。我们现在有很好的先决条件，很多人都可以分享富裕的果实。我为什么这样说呢？因为社会资源总量是充足的，仅在资源分配上存在一些问题。世界粮食总量很充足，但是粮食没有得到均衡分配，就如前文描述的那样。财富方面也是这样。在本书的后续章节，我还会向包括你在内的每个人介绍，如何创造更多财富以实现更好的生活。

当更多人过上了富足的生活，更多人有意愿凭借自己掌握的财富，为自己和他人谋求福祉时，我们就可以更好地发光发热了。这就是我的愿景。首先，让我们从审视自己开始：我们究竟需要如何去做，才能建立自身的财富竞争力，为自己开启全新的可能性？

2 改变态度：培养良好的财富习惯

大权掌握在自己手中

这一章主要探讨我们如何在与金钱有关的事情上做得更好、更有意义。我们为什么需要关注这个问题？我在本书第 1 章描述的社会财富和收入分配不均衡的问题是否可以通过国家调控得到缓解。那么还有其他解决方案吗？

等待还是行动？

如果我们不改变法律和规则，难道一切就不会变得对人民更有利你会继续被动等待，直到事情自己出现改观吗？

吗？例如，强化纳税义务，提高社会最低工资，加强对失业人口的救济保障，以及对高额收入和高额遗产征税。无论我们认为这些政策是好是坏，它们在政治上都是可行的选择。不过，这些事都是任重而道远的，前方还有很长的路要走。如果走上了这条道路，在未来的几十年里，收入剪刀差就会消失吗？毕竟收入不均衡的问题已经存在几百年，甚至几千年了。你想坐以待毙吗？就这样等着，如果足够幸运，收入分配的问题在未来可能会有所改善，你也可以从中受益。你想就这样束手无策吗？你想在等待、期望和焦虑中越来越崩溃，抱怨事与愿违或者一切改善得太慢吗？

从我的角度来说，我觉得我们可以有更妥当的选择，那就是对自己负责，亲自打理财富，在本书中我想向大家说明这一点，同时探讨相关的方法论。这与财富多寡没有太大关系，我们要投入相应的精力，而不是一味地抱怨、愤恨，不要把个人的不幸、把体制或者人生的不公平问题归咎于国家。发现问题是一个方面——我想我们已经清晰地知道问题所在了，但是解决问题又是另一方面。鉴于此，我想问大家一个问题：你现在可以做哪些具体的事情，能让你拥有更多的财富，以便下一次涨房租的时候从容面对？有了一定的积蓄之后，你就可以更加轻松地生活，因为即便是明天，洗衣机也可能说坏就坏。孩子们的班级旅行也可能给你增添额外的支出压力。拥有更多财富后，即便是在这些突发情形下，你也有足够的钱可以应对，甚至还有余力向一些你始终关注的社会慈善项目捐款。

你想做些什么呢？拥有更多财富后，再过几十年，当我们已经七老八十，不想再工作的时候，也可以有足够的钱生活，有能力为健康进行专项投资，或者可以买个好一点儿的助听器。

对自己负责

人要对自己负责，因为没有人能够替代我们自己。这听起来也许很难，尤其是对德国人来说，我们从出生起，就知道自己生活在一个福利国家里，国家会照顾我们每个人。但是很有可能，这件事情现在已经变得不太确定了，虽然这让人很难接受。为什么我们会觉得，把打理财富当作自己的责任，把这件事当作生活中的一个任务是很困难的？首先，我们在一个福利国家长大，国家能够为我们提供良好的保障。在我们有需要的时候，比如我们生病了，我不否认，我们可以直接去医院。多年以来，我们的养老金体系运行得十分良好。大家都可以获得良好的照顾，在德国，没有人挨饿，没有人缺乏医疗帮助，就连填写申请这些福利的表格都有人帮助我们。没有人可以否认，我们确实拥有先进的社会和医疗保障体系。我们天生就认为，出了什么事情都有国家照顾我们。

> 养老金体系很快将难以为继。

然而，新的情况已经出现。随着社会人口年龄结构，即不同年龄的人口在总人口中的分布发生变化，养老金体系在未来可能难以为继。这已经不是什么新闻了，但是，仍有很多人没有意识到这一点。我们之前肯定看到过人口年龄分布图表，即所谓的人口金字塔，横轴展示的是某个年龄段人口的占比（男女分别列示），纵轴展示的是人口的年龄。在几乎所有工业化国家里，在人口死亡率降低、预期寿命延长、出生率降低等因素的影响下，人口年龄结构已经偏离了人口金字塔原本的情况。长期以来，人口金字塔仅在某些发展中国家和新兴国家呈金字塔形状。现在的德国，像许多其他经济高度发达的工业化国家一样，人口年龄分布已经呈现出完全不同的结构：人口出生率低，平均每名妇女生育不足两个孩子，这导致年轻人口的比重逐年降低；与此同时，人口预期寿命不断延长，这导致老龄人口的比重逐渐升高。

我想表达的是什么呢？我相信，所有人都听过、读过类似的信息，或者看过这种令人悲观的人口年龄结构图表。而后，人们会隐约感受到，再过些年，社会有效劳动人口将会不足，继而出现缴纳养老金的人口基数不足，最终导致很多老年人的养老金无法正常发放的情形。这听起来可能太抽象，不容易理解。也许，大部分人会觉得，“根本就不会有什么问题”。“我们年迈的父母现在都生活得非常好，我们也从来没有看到过某些基调阴沉的科幻电影里上演的那种情景——成群结队的 80 多岁的老年人无家可归，游荡在马路上。未来社会还将以某种方式存续。国家肯定有办法及时完善一切。”在这种思维的影响下，很多人的态度还是很乐观的，他们继续把辛苦挣来的钱存在银行里，没有利息，而且随着通货膨胀，钱实际上正变得越来越少。一切都没有丝毫改变，大家继续被动等待，继续悠闲地喝茶。

我们必须改变心态。

事情为什么会变成这样？我简直想摇晃一下这些人，快醒醒吧！面对这种现象，我只有一种解释：那些把钱存进银行里的人，在通货膨胀中仍然傻傻等待的人，他们肯定在心理上仍有桎梏，这妨碍他们以负责任的态度，主动、亲自打理自己的财富。正是因为这样，我们才需要详细地探讨如何突破内心的障碍，如何培养良好的财富行为，在此基础上，再树立崭新的财富价值观。为了使自己对全新的致富道路保持开放的心态，我们必须完成大量观念开发工作。大多数人都觉得，只要想做一件事，自己就一定能做到。但是，现实情况可能不是这样。

在此，我想阐述一下我关于未来略显灰暗但又很现实的预测：如果我们不为自己的财富负责，那么等到七八十岁时，我们很有可能得去沿街乞讨。我这可不是在说科幻小说里的情节，我是在说现实。这种情况离我们也许都没有 100 年那么遥远，很可能 30 年内就会出现。

你的财富底色是什么？

良好的财富行为不会从天而降，我们首先需要看一下，培养良好的财富行为需要哪些先决条件。我将简要描述一下这些条件，以便使我们对此有所认识，并且持续保持清醒。因为，从逻辑上来讲，只有理智的大脑才能管理和规范我们的财富行为。

我们的大脑有一个类似抽屉的系统，简单来说，大脑分为显意识和潜意识两部分。我们没有办法有意识地控制潜意识。潜意识部分大概占总体的 90%，还有一些脑部研究专家认为，潜意识的占比可能更高。这样算来，显意识部分的占比在 10% 左右，这是我们能够自主控制的部分。为什么有些事情会停留在显意识层面，没有向下沉入潜意识中？简单来说可能有两个原因：

1. 我们规律性地做一些事情，这些事情已经成了日常习惯。比如，我们每天都跑向公共汽车站，每星期踢两次足球，每天对孩子们和配偶说“我爱你”。
2. 有些事情与强烈的情感相关。如果你是已婚人士，你会忘记洞房花烛的那一夜吗？不会的，除非你当夜醉到不省人事。如果你已经为人母，你会忘记孩子的出生日期吗？我想，世界上没有一个母亲会忘记。

我们会把不断重复做的事情，以及与强烈情感相连的事情保留在显意识层面。如果把这个结论与财富管理相结合，我们就会发现道理是一样的：我们可以通过有意识地不断重复，或者通过惨痛的教训学会财富管理。你曾经狠狠地赔过钱吗？你从中学到了什么？每次我在研讨会上提出这个问题的时候，基本上2/3的学员都有类似经历。吃一堑，长一智。一旦被割过肉，我们就不会忘记其中的经验和教训。

我们通过不断重复或者强烈的情感记忆来学习财富管理。

这可能会带来两个影响，以负债为例：如果你有过举债的经历或者现下正在负债，你就能明白其中的痛处，羞愧也好，感到无望也好，绝望也罢——科学已经证实，负债感甚至会让人患病。

经历负债之后，人们就会从中领悟到，应该尽一切可能避免举债。然而，有的人也可能得到其他领悟，甚至可能对形成好的财富观念是不利的，但这种情况经常发生：我们的意识聚焦于负债感，这让我们不断地寻求证据，证明我们所经历和了解到的就是现实。我想举两个例子来说明这一点。首先是一个男士的例子：男士们，你们是否使用过汽车零售商的在线匹配软件，测试哪辆车与自己最匹配，哪辆车是你的理想车？如果进行过这样的测试，那么测试后的第二天早晨，你开车去上班，往往会发现，不知道为什么，你开到哪里都能遇到自己的那个理想车。然后，理想车的样子在你脑中越来越清晰，你对这辆车的向往之情与日俱增。为了公平起见，我们再举一个女士的例子：在线购物平台的大数据系统会自动匹配最适合女士们的包包、鞋子。从被匹配和被推荐开始，女士们往往会发现，这些鞋子和包包总是不停地出现在自己的视野中。

让我们再聊回负债的话题：有的时候，如果父母靠借钱生活，那么相应地，孩子们在成长过程中也会伴随着匮乏感，感受到焦虑和担忧，在成年之后，这些感觉会复活。我们儿时的贫富状态，在我们成年之后经常如影随形。在我们的童年，尤其是在影响最深刻的前10年，我们不可避免地会有一些关于钱的记忆，这对我们成年后的生活或多或少会产生影响。与此同时，在成长的过程中，我们也会不断吸收新的东西。

我们不断重复的事情以及倾注强烈情感的事情会固化在我们的意识中，构成我们人生的底色。但与此同时，我们也会吸收并建立新的认知。

这些新的认知或可将财富变成一种支撑性的力量。在财富方面，我们每个人都可以设法将自己摆在不同的位置。有的人特别渴望财富；有的人有充足的理由支撑他们获得财富；有的人已经准备好了，并为此付出了时间和努力；有的人可以逐步将努力转化为兴趣和快乐；也有的人已经做好了反省的准备，想要正视过往的惨痛教训，比如回顾自己有关财富的过往。

我又想讲一个故事，以此鼓励我的读者朋友们，他们中有的人坚持认为自己不擅长打理财富。这些人中不乏在学生时代数学考过满分的人，也有负债者或者曾经负债的人。他们总是觉得，在钱的问题上自己做得不好。在此，我想向大家讲述一段我在停车场的经历，我们从中可以看出一个人对待财富的态度是可以很容易发生转变的。

你认为自己目前不擅长管理财富，是吗?

停车场的故事

若干年前，我与数百名讲师一起，受邀参加一个关于财富主题的大型活动。为此，我飞到了慕尼黑，租车前往会场。那是一个星期六的早晨，我开车到了停车场，停车场空空如也，只有我和我租来的小车。这对我来说特别好，我正好可以从容地换件衣服。

正当我脱下外套，准备穿衬衫的时候，一辆车开了进来。我看见驾驶座上是一位女士，我想应该是有个男人陪着她一起来的。我一边系衬衫的扣子，一边观察这位女士，想看她是如何停车的。我必须强调一下，这个停车场有近 150 个空余车位，除了我和她根本没有其他人。

她的车骑在了两个停车位之间，她关了引擎，下了车。下车后，她看了看两个停车位之间的边界线，发现车停歪了。她摇了摇头，重新上车，发动引擎，把车开出车位，准备重新停车。我在一边看得津津有味，甚至都没注意系扣子的事。她重新停好了，熄火下车，看车位线，摇头，上车，打火，启动，重停，下车。后来，车总算停好了，从某种程度上来说是的，至少车已经在停车线里了，尽管车头距边界 15~20 厘米，但总算停在了一个车位里。

我就像看电影一样，手里的扣子果不其然扣错了一大溜儿。

她站在那里，似乎对停车结果还是不满意。我本来是下定决心要好好系扣子的，但是这时，她突然发现，车尾离墙还有一米半的距离呢！于是，她又上车，把车往里挪了 30 厘米，然后下车，看车，摇头，上车，打火。她熄火打火，上车下车，折腾了六七趟。

我稍有迟疑，不想吓着她，但等我系好扣子，我还是径直走向她："你知道嘛，我觉得，您简直太厉害了！"

我估计她得有 70 多岁了，不过年龄对我没有影响。我跟谁都爱开玩笑，男女都一样。

她说："你不会是看到我停车了吧？！"

"对呀，我看到了，所以我才觉得您很厉害。"

"你别逗我。"

永不放弃——这很厉害！

"没有，没有，您确实很棒。"

"好吧，"她说，"你想想吧，我都 75 岁了，住在 15 公里以外，周边很荒凉，没有超市，没有面包店，什么都没有。如果没有车，我就被彻底困在家里了，这辆车是我生活的必需品。我趁着车少的时候，赶早开车到这里来。"

她跟我讲了这些之后，我更受触动了："我真是觉得您挺棒的！"

她调皮地微笑着。

"我觉得，大部分人，像您这种情况的，可能就直接放弃开车了。但是您让我知道了，即便您确实停车技术不太好，但也可以坚持把车开过来。车停得不对，但是您也没有放弃，而是坚持把车停好，我觉得这就很厉害。"

她笑了，我们又简短地交谈了一会儿。后来，我在开研讨会的时候，总爱把这个故事当作引子，课堂效果比我准备好的教学素材强多了。

当我们遇到与财富有关的问题时，无论是在书中读到的还是在日常生活中碰到的，我们都可以像这位女士停车一样，饱含热情地去尝试，去重新思考。这位女士到底是什么样的人呢？尽管她可能知道自己不擅驾驶，但是她还是尝试着去开车，向前开然后持续前进。她知道自己需要开车，而开车是为了让生活变得更好。她开车并不是因为喜欢车或者喜欢开车。

我们在面对财富问题时也需要这种决心和恒心。很多人根本不知财富为何物；很多人还没有意识到财富中蕴含的巨大潜力；也有很多人尚未认识到自己的财富是有可能增长的，并且财富可以在他的人生以及其他人的人生中发挥不可思议的作用。了解金融体系，懂得金融体系和市场经济运行规律的人少之又少，然而，正是它们在决定和影响社会的运转。有的人在处理财富问题时有畏难情绪，也许，你属于他们中的一员。确实，点燃一个人对财富的热情是需要时间的。就像停车的那位女士一样，她需要来来回回 7 趟，甚至 14 趟，才能掌握停车的窍门。但是，只要坚持下去，我们最终肯定能有所成就，就像这位女士，她早晚能做到“一把停”，只要她能坚持不懈地练习。

如果你在对待自己的财富问题时有像这位女士对待停车一般的热情，那就太好了！拿出那种韧劲儿，就像我们在乎自己的健康，永远爱我们的伴侣和孩子一样。我们需要这样的持之以恒。只有这样，我们才具备创造财富的前提条件。

读到这里，你是不是感觉，怎么听起来要经过无数次摔倒、失败和重新爬起才有可能成功？其实不然，实现经济独立远没有你想象的那么难，也不像很多人以为的那样辛苦和艰辛，唯有勤劳才能致富。当然了，我们讲的实现经济独立并不是指变成百万富翁或者千万富翁。我认为的经济独立是我们已经明白了如何正确认识金钱，如何看待财富，知道需要采取何种策略和技巧使我们的生活变得更美好。

实现经济独立没有那么难。

这个世界不存在“被动收入”

在此，我必须指出你的一个误区，因为只有这样，才能促使你行动起来，真正开始对自己的财富负责。这个误区是一种概念，我想，你在读书看报时，在浏览网页时，在听财富专家慷慨激昂的预测言论时，可能都已经听过了，那就是所谓的“被动收入”。现在人人都在说这个概念。这个概念的大概意思就是，通过某种方式，收入可以主动或者自动地跑进我们的口袋里。

没有耕耘，便没有收获。

“被动收入”这个概念听起来很诱人，对吧？什么都不用干，钱就来了。可是这样真的可行吗？“被动收入”意味着我们不做任何努力就能赚到钱吗？还是说我们只要“被动地”坐在那里，钱就会主动上门？肯定不是这样呀！财富也是一种能量形式，没有能量会凭空产生，这是自然法则。为了致富，我们总是需要做点儿什么的。我们可以写书、录制唱片、经年累月地努力搭建某个网络、购买不动产或者证券，经过努力获得财富。我们也可以在改善和发展个人心态方面努力，打破受限的固有价值观，改变无人成功摆脱贫困的家族历史。

正所谓一分耕耘一分收获。我们可以生产某种产品，然后把它卖出去；我们也可以把钱投入股市。然后，我们就会有所收获，明白事情到底是怎么回事，知道自己是否选对了股票。我们需要不断检验自己的仓位，在此基础上做出新的决定，是继续持仓还是转投他股。大家之前肯定也都为致富做过一些努力，例如各种投资，现在它们可能已经为你带来收益了。总之就是，没有耕耘就没有收获。世界上根本就没有被动等来的收入。还是那句话，为了致富，我们必须时时有所关注。

每当遇到一些人，看到他们鼓吹所谓的“被动收入”，还想从中牟利时，我就感到愤怒。写书时宣扬这种观点的人都是靠卖书赚钱的；讲课时煽动这些言论的人都是靠讲课赚钱的。他们也不是能够享受财产增值、能够获得真正的“被动收入”的人。因此，我从不关心这群自诩财富专家的人到底说了什么。

与“被动收入”相对应的，是“合理收入”这一概念，即用尽可能小的投入取得可观的回报。这一点在股票市场上能够进行良好的实践，但是，机智的销售，战略清晰的企业管理，优质的产品和良好的市场营销，再加上一定的心理战略，也可以达成这一目标。核心问题是，我们良好的财富行为如何作用于财富增值。这个问题涉及的范围很广，我们可以积极尝试各种可能性。首先，我们可以从一个具体而清晰的行动开始：确认个人财富的价值。

掌握财务状况

我们已经达成共识，致富本不是简单的事情，我们也知道了，没有完全被动的收入，想要富裕，就必须做事情。我们需要对自身的财务状况有所了解，每日、每周、每月或者至少每个季度、每年，查看一下个人的收入和财产情况。为此，我们可以设计并填写一些清晰的表单，这很简单，而且工作量不大，一般两三个小时就能搞定。我想，你现在就可以着手去做，越早越好。“亲自管理个人财富”的第一步，就是思考自己的财务现状是怎样的。

你现在处于怎样的财务状态？

○ 收入

薪资收入、企业收入、资本收入、房屋租金、土地租金

○ 现金价值

现金、转账账户、存款账户、房屋储蓄合同、保险单

○ 实物价值

房屋、住宅、汽车、股票、基金、家具、首饰、黄金

○ 债务

信用借款、融资租赁、融资、抵押贷款、发行债券

○ 净资产总额：________________

首先，我们从已知事项开始，从目前你对个人财富已经掌握的部分入手。在下面的部分，我们会更加细致地计算你的收入有多少，现金价值有多少，实物价值有多少，金融负债有多少，持有哪些产品，这样你就可以对个人财富有个大概的把握了。尽管实际的数值还不太确定，但是也要尽快把它们写下来，不要再拖延。

亲自管理个人财富

从现在开始，个人财务问题对你来说变得重要了。

第一步完成了之后，就到了非常实际的第二步：将我们的财富系统性地分类。我们会在下一章节着重讨论这个话题，现在我只想用几句话描述一下这样做的目的。我们需要一个清晰、明确的目标，这听起来很简单，但对你来说，这么做意味着前进了一大步。

这个清晰、明确的目标不一定是一个具体的数字，我的意思是，它不是一个具体的金额。我不建议大家设定一个过于具体的财务目标，这在我看来为时尚早。相反，我更希望你开始认识到，财富对你

来说特别重要。最好你还能意识到，从今天开始，你就要对自己的财富负起责任了，你以后要亲自管理自己的财务，你要与财富建立起良好的关系，这会很有乐趣。就像有些人说，我在夫妻关系和亲子关系方面出了问题，因此，我想与我的伴侣建立更好的夫妻关系，与子女们建立更好的亲子关系。也有的人认为，跟子女多说几句话，先建立一个基本的关系就已经很不错了。你与财富的关系亦如此。

你可能听说过这样一句话："掌握自己的生活，否则你只能被生活掌握。"无论是财富顾问、银行，还是你的伴侣，没有人能代替你承担打理你个人财富的责任。你只能亲力亲为。在承担起责任的那一刻，你首先会感受到很多的快乐、全新的自由和可能性。此后，你就可以迈向下一阶段了：使用一套非常扎实的务实的财务系统——"锅子系统"，管理你的财富。

"锅子系统"

这里提出的"锅子系统"，实际上是一套方案，它可以帮助你掌握自己的财务情况，以备不时之需。如果你真的想在个人财富管理方面有所建树，那么你需要一套明确、清晰的系统。遵循这套系统，你将有望实现对个人规律性收入的自动化管理。系统化、自动化管理规律性收入是财富积累的前提。个人财富只有进行系统化管理才能发展为一种支撑力量，这是其他一切事情的基础。正因如此，是否应用这套系统非常关键。这套系统的应用形式不应是僵化的，它应该有各种不同类型的模型，例如，针对不同的职业、企业家或者雇员有不同的模型。你不会被固定的范式框住，这套系统提供了充分发挥个人能力的空间。系统只是在界定基本的财富管理原则。

系统的作用是深刻且强烈的：你的积蓄会越来越多，这反过来会使你获得更多财富。此外，你还会有足够的钱来应对突发情况，再也不用像以前那样，必须靠借钱来应急，也不会再因背负债务而感到压力巨大，甚至为生存感到焦虑。你还会获得足够的能力，可以慷慨、快乐地去帮助他人，这不仅不会让你的生活质量下降，在这个过程中，你反而可以收获特别的体验，自己也随之受教和成长。这一切的一切都建立在你一次性搭建了“锅子系统”后。其后，系统会自主运行，你不需要每日或者每月都为它费心。

一次性组建，此后其他事情都会自行运转。

三个问题

在我们把钱放入“锅子”之前，我们需要先搞清楚三个问题。

1. 我们每月的支出是多少？

我此前已经建议大家关注支出情况，现在请大家进一步检查。你可以查看账户支出情况，并把支出明细记录下来。支出包括生活成本支出，比如租金、餐饮、服装、兴趣爱好、体育运动、交通出行，还有其他费用支出，比如购买洗衣机、修理取暖系统或者屋顶，也有可能是支付孩子们的班级旅行费用。

接下来，我们需要详细地梳理一下我们的收入情况。

2. 我们每月的收入是多少？收入构成是怎样的？

提到收入，对大部分人来说，都是指薪资收入。就算是个体经营者或者企业家，其实也应该是给自己开工资的，而不是说公司里有多少钱都归老板个人，尽管也有很多公司是这样的。另外，所有投资都可能带来收入。银行存款产生的一点儿利息，或者从证券市场里赚来的年化收益率达 20% 的投资收益，这些都属于收入。此外，还有一些其他收入，比如国家每月发放的儿童抚养金等。

第三步，我们来计算一下个人资产。

3. 我们的资产有多少？

16 岁的年轻人可能只有 175 欧元的储蓄，不过没关系，这跟一名企业家坐拥 200 万欧元的企业资产，从某种程度上来说并没有区别。资产之所以被称为资产，是因为它具备增值属性，175 欧元也是一个很好的开始，在复利计息的情况下，再加上得当的财富管理，这些钱也可能成为你扎实的养老保障。

财务分析对你来说有可能不是一件简单的事情。接下来，我将为你提供两张表格模板（参见表 2.1、表 2.2），你可以用它们来统计你的支出、收入和资产情况。

此类用于控制支出和掌握资产总体情况的表格，我觉得每个人都应该填写，假如觉得每星期填写一次太麻烦，那么至少也要每个季度填写一次。我基本上每天都会关注一下个人资产情况，这是一个很可贵的习惯。每天清晨走进办公室的前 10 分钟，团队里不会有人来找我谈工作，因为每天早上，我首先要查看个人账户和证券账户的余额，我会把余额记录在表格里。我每天都会重新看一遍自己有多少钱，也是因为我有一些钱，所以我才能每天规划和管理自己的资产和财富。但是，如果有的人全部财产只有几千欧元，那也没关系，你也可以设立一个财富目标，不要觉得自己穷。

“锅子系统”如何颠覆我们的财富行为?

现在，我们总算可以聊一聊真正的“锅子系统”了。让我们以年轻女孩儿安娜的故事为例，来看一下“锅子系统”的基本原则。安娜在一家眼镜店工作，负责为顾客提供咨询服务，以及为顾客配框架眼镜和隐形眼镜。她是两年前在我的研讨会上接触到“锅子系统”这个概念的，当时她就很感兴趣。之后，她很快就开始了实践。她都做了哪些事？时隔两年，她产生了哪些变化？她的财务状况又如何呢？

两年前，安娜的收入就是她每月的工资，这是她财富的起点。每个月，她的雇主支付她大约 2 000 欧元的税后工资。表 2.1、表 2.2 详细列出了她的财务状况。

那个时候，安娜对她的工资非常满意，用这些钱，她可以在柏林市区租一个漂亮、明亮的两居室，比起学生时代的生活，这已经很好了。安娜非常享受首都的文化氛围，每年夏天，她还会休假两三个星期，去海边露营。一般情况下，这些钱可以支撑到月底，她几乎不怎么动用她的信用卡。安娜的收入已经可以覆盖她的日常支出了，她也实现了账户余额为正的目标。然而，她有为其他可能需要钱的事情预留一些积蓄吗？那个时候的安娜可能从未考虑过这些。29 岁的安娜觉得自己年轻且充满朝气，她不会考虑等自己老了的时候，除了国家基本养老金，她还需要有些其他的收入来源。她也不会预见到，人生可能会发生一些预料不到的事情，其中有些会影响她收入来源的稳定，或者需要的钱超过了她的承受能力。她的朋友中，肯定也没人会

表 2.1　安娜的月度支出一览表

月度支出一览表	
支出项	单位：欧元
房屋 / 住宅类	
租金	420
附加费用（水、废水处理、电、天然气、税金等）	120
房贷 1/ 抵押贷款 1	0
房贷 2/ 抵押贷款 2	0
小计	**540**
保险类	
个人责任保险（含经纪人资费）	8
家庭财产保险	10
个人疾病补充保险	0
工伤事故保险	70
定期人寿保险	0
意外保险	0
小计	**88**
生活类	
幼儿园 / 托儿所	0
生活用品、清洁用品、卫生用品等	250
衣物	150
假期	150
文化活动 / 看电影 / 买礼物 / 娱乐	100
手机 / 座机 / 网络 / 有线电视	50
账户管理费	10
公益捐款	150
会员费 / 社团费	50
租车 / 汽车贷款 / 车辆保险 / 汽油	0
车辆税 / 车辆维修	0
记账 / 打印 / 邮费 / 计算机配件	50
小计	**960**
其他支出类——预存“锅子系统”	
大宗采购	150
教育和娱乐	150
储蓄	100
小计	**400**
支出合计	**1 988**
收入项	
工资	2 000.00
儿童抚养金	0
其他社会福利	0
房屋租金 / 土地租金	0
农场	0
企业 / 公司	0
兼职	0
收入合计	**2 000**
盈余	**12**

表 2.2　安娜的个人资产一览表

个人资产一览表	
现金价值	**单位：欧元**
转账账户	1 200
活期储蓄账户	2 500
隔夜和定期存款账户	0
货币市场基金	0
人寿保险和养老保险（资本型）	0
人寿保险和养老保险（基金型）	2 000
企业养老金 / 补充养老保险 / 基本养老金	0
房屋储蓄合同	0
债券	1 000
不记名债券	0
联邦证券	0
外汇 / 外币	0
小计	**6 700**
实物价值	
房产（包含已出租房产）	0
住宅（包含已出租住宅）	0
汽车	0
摩托车	0
家具 / 摆设	4 000
贵重物品（首饰、手表等）	1 000
创业投资	0
贵金属	0
艺术品	0
古董车	0
钻石	0
小计	**5 000**
负债	
房贷 1/ 抵押贷款 1	0
房贷 2/ 抵押贷款 2	0
信用卡	−1 500
对外担保	0
应付税款	0
应付费用	0
消费信贷 1	0
消费信贷 2	0
小计	**−1 500**
盈余	**10 200**

想这些事。电视中播放的保险广告，那些骇人的场面，估计安娜看都不会看。

但是，她在听完我的讲座之后，就开始使用“锅子系统”了。“很幸运”，她自己后来这样说。她在银行开了5个二级子账户，有储蓄账户，有活期存款账户，每一个都象征着一个“锅子”。很多银行都提供免费的子账户、储蓄账户、活期存款账户。转账账户是主账户，安娜在主账户上签约了储蓄协议和定期划转协议，这样她的一部分收入就会被自动分配到不同的子账户中。根据我传授给她的经验，她设置了给1号“锅子”转账60%，其余4个“锅子”都是10%的分配比例，如图2.1所示：

图2.1　安娜的“锅子系统”

特定的事项会从相应的“锅子”中支出。其实，安娜可以用其他方式进行分类。分类的首要原则就是适合个人的具体情况，具体的百分比影响不大。安娜的一个朋友自己开公司，他只设立了两个“锅子”，一个用于个人财务，一个用于公司财务。但是，他核算公司财务的那个“锅子”，相较而言就比较有特点了，因为这个“锅子”又细分出了纳税储备、投资资金、应急储备和员工培训基金4个小类。

当时，安娜清晰地知道“锅子系统”最终的目的是改善她的财富行为，进而在财富管理方面取得更好的效果。因此，安娜在给“锅子”分配百分比的时候，就把对自己的要求略微提高了一点儿，她没减少不必要的消费性支出是值得的。

有让自己很容易就完成目标。然而，此后她马上就感受到了“锅子系统”的一个作用，那就是，她真的很少去逛商店了，这为她省下了相当大一笔钱，之前她都把这些钱花在了买外套、鞋子、包包和裙子上，但其实她平时基本上也不怎么穿。

1号“锅子”：生活费（60%）

转账账户是主账户，我们所有的收入首先都汇集到这个账户中，再从这个账户中向外支出各项生活费用：租金、餐饮、服装、兴趣爱好、体育运动、去地中海东海岸的旅行费用（要是去马尔代夫就不能算生活支出了），还有驾驶汽车、乘坐火车、骑自行车等各类交通费。我顺便说一句，买车的费用最高不宜超过月收入的两倍。如果高于这个价格，建议还是卖掉私家车或者置换成价格更合理的车型。我们不应该把5倍甚至10倍的月收入投到买车上。这是不必要的奢侈性消费，在生活的其他方面我们还有很多需要用钱的地方，这个我在后面会写到。

生活费在总支出中的占比不能是100%，而安娜刚开始的时候就是这种情况。除了基本的生活费，我们还有其他地方需要用钱，总收入的大约40%得用于支付其他费用，在生活费的“锅子”里，我们最多放置占总收入60%的资金。初始阶段，我们把这个占比设定为60%是可以的，而后我们可以下调这个比例。例如，工资涨了，或者得益于良好的经营，公司进一步盈利了，等等。很多人在排除了不必要的消费性支出后会发现，其实，他们的日常生活本不需要花那么多钱，渐渐地，他们会更理性地看待不必要的支出。

为1号“锅子”设置60%还是更少的比例，其核心判断标准在于：

买这件东西，真的有必要吗？

在严肃地考虑这个问题之后，你可能就不需要为1号“锅子”预留60%的比例了，40%或者30%就可以了。你可以把上面这个问题写在小卡片上，放在钱包里。当你走进超市，发现一条毯子正在搞特价促销，并且商家也极力描述它的舒适性和保暖性时，你可能很心动。这个时候，想想卡片上的问题，你非得买这条毯子吗？伴侣也可以帮我们温暖冰凉的双脚，而且这类毯子材质易燃，容易引起火灾。我们确实需要买它吗？

2号“锅子”：大宗采购（10%）

聊完了用于生活费支出的主账户，我们再来看看第一个二级子账户，它可以是在某家银行开立的储蓄账户，用于大宗采购支出。大宗采购是指不能用生活费账户支付但你又确实想买的东西，比如购买一台新车或者一辆自行车，买新的洗衣机，给独栋住宅换一个新屋顶，或者其他相对来说规模较大的房屋修葺，如重新装修厨房等。通常人们也是因为这些原因使用消费贷款的。用2号“锅子”里的钱，我们可以支付应对紧急情况的必要支出，也可以购买不那么必要的东西——那种我们很喜欢，期待已久并且已经攒了很久的钱，就为了买到的东西。

当然了，用20欧元买来的二手自行车也能骑，但是，考虑到你可能每天都需要有一个半小时的时间骑着自行车在城市中穿行，那么花上1 000欧元，买一辆快速、轻便的新自行车也不失为一个令人开心且有意义的选择。我们不断地向2号“锅子”中存钱，几个月或者一年之后，金额肯定够买新自行车了。请暂且等待一段时间，我们需要有耐心，学

> 延迟消费比透支消费强。

会延迟满足。在消费型社会中，过度消费和立即购买等类似的观念占据主流，等待对我们来说是一种很好的锻炼。

3号“锅子”：教育和娱乐（10%）

3号“锅子”负责教育和娱乐支出，它应该涵盖我们在教育方面的全部支出，包括在校教育、继续教育、广义的讲座、在线课程、购买图书、购买有声读物、聘请教练等。我们也可以进一步地把这个“锅子”划分成两个区域，一边用于教育，另一边用于娱乐。这样的话，我们就有5个“锅子”，但是有6个分区了。是不是对有些人来讲，教育和娱乐是一件事？我就属于这种情况，我喜欢寓教于乐。在参加继续教育培训的时候，我就感觉很快乐。但如果对你来说，这两个方面根本就是两回事，那么划出两个区域就是很有必要的。

为什么单独为教育经费分区如此重要？因为当我们自身具备了更多价值，又希望创造更多财富的时候，我们就必须投资自己。通过进一步的培训，我们自然而然会变得更加富裕。有些人一想到要参加讲座就开始精打细算，想把一元钱掰成两半花。花钱买书也是，但实际上，买一本书的钱远低于吃一顿像样的晚饭。可是不知道怎么回事，这些人就是需要计算再三，犹豫自己是否要为此投入时间和金钱。让我来告诉你，要的！于是，我们单独列出了一个教育经费分区，当这4个分区储备了一些钱之后，就连那些吝于在学习上投入的人，也有条件静下来想一想，自己希望参加哪些教育培训项目。那种精打细算，花了钱之后非要得到点儿什么的感觉消失了，取而代之的是那种有能力在教育上花钱，有能力培养自己的满足感。

接下来是娱乐支出，这在我们每个人的生活中都占有一席之地。娱乐支出就是我们希望去做一些美好的事情，但又不需要计较所谓的成本。我们可以从中体会到财务自由的感觉。快乐往往就是尝试一些我们通常不太会去做的事情，有可能是在豪华度假村疗养一天，有可能是在一家有特色但平时我们不太会去的餐厅吃一顿大餐，也可能是一次又好又贵的旅行。当娱乐支出专区里的钱积累了一段时间后，我们还可以买漂亮的裙子、高档的包包、精致的腕表、敞篷车。这些奢侈性消费都可以归到娱乐支出分区。但是，这个分区的设置应该因人而异，因为不适配的消费往往不能带来快乐。对有的人来说，去餐厅吃一次饭花掉 70 欧元属于快乐；但对有的人来说，一家五口每个人花 190 欧元买门票，去看太阳马戏团的演出就不算是快乐，对这个家庭来说这可能是一种经济负担。

> 快乐就是，我们可以去做一些事，但不用担心钱的问题。

现在你可能会有疑问，娱乐支出的原则怎么与生活费不一致呢？答案很简单：在判断是否有必要方面，教育和娱乐支出有其独特的原则。人是需要富足感的，娱乐支出分区可以帮助我们体验这种感觉。当我们纵情享受非凡事物的时候，我们也在编织财富梦想。享受会激活我们的潜意识，我们会不由自主地探寻，如何才能使生活拥有更多快乐以及由财务富足带来的满足。负责娱乐支出的分区会让我们有富裕的感觉，可见，“锅子系统”可不只是一个机械地划分财富储备的系统。

4 号“锅子”：公益捐赠（10%）

这可谓我最喜欢的“锅子”之一，因此，我会在第 5 章单独阐述相关内容。这个“锅子”里的钱是用来做什么的？我的答案是，从我们的财富中拿出一部分，用于承担社会和生态责任。对大多数人来说，这意味着在做专职或兼职志愿者工作之外，再捐出一部分钱。此外，私营业者可以从税前利润中拿出一部分，以公司的名义捐款。

以下是一条简单的基本规则，可以帮助我们既慷慨又愉悦地捐钱：

金钱是一种能量形式，当我们有所给予时，我们也会收获回报。这种回报往往不是直接的，而是以其他某种形式体现的。

捐赠是有钱人最大的秘密之一，它会为生活带来从未有过的可能性。我们获得的回报也不总是金钱，回报还会以其他形式呈现：在我们有需要的时候，获得了陌生人意想不到的帮助；一个偶然认识的朋友，后来成了公司最重要的客户之一。捐赠具体指什么？捐赠不仅包括向慈善机构捐款这种传统形式，也包括为周遭的人提供帮助。我有时会问自己："一个亲戚缺钱了，我们帮了他一下，这算捐赠吗？"我觉得，判断的标准在于我们自己的感受。如果这个亲戚身患重病或者意外陷入紧急情况，那么我们帮他为什么不能算是捐赠？再比如，一位女企业家，她允许一些有特殊原因的人免费参加她的讲座，这也可以算作捐赠。

5号"锅子"：储蓄（10%或更多）

5号"锅子"也是我的心头好，我们就是依靠它来运作财富使资产增值的。用于储蓄的"锅子"承载着我们财务自由的梦想。我们用这个"锅子"里的钱进行投资，例如投资养老保险、人寿保险和不动产等。我的目标是从证券市场中获得规律性的收入，但是不动产可以带来租金收入，也是你可以选择的一种投资方式。

在储蓄这个分区里，我们致力于用钱生钱，如果你已经办理了定期投资业务，那说明你已经理顺了财富积累的思路。5号"锅子"就是专门用于财富增值，以及为实现这个目标而进行投资的，包括证券市场投资。我们从股票分红中获得的收入会越来越多，一段时间之后，甚至会取代现有的主要收入来源。在我们还不能自给自足或者只能勉强自给自足的情况下，我们需要在哪些方面再节约一些？为了改变不利的现状，我们需要持续地向5号“锅子”存钱，并坚持不要取出来，直到储蓄的利息多到可以供养生活，也就是我们实现了财务自由的时候。

> 5号“锅子”帮助我们实现财务自由。

如果你想更快地实现财务自由，那很简单，把5号“锅子”的分配占比提高到30%或者40%，这样肯定就能更快地实现目标，因为“锅子”可以更快地被存满。这期间不免会发生各种各样的事情，但我们要坚定储蓄的信念，因为首要的目标是保障自己的生活。我们需要认识到，高收入并不直接等于高自由，大部分赚钱多的人，他们花的也多，往往剩不下什么钱来用于储蓄，那自然也就谈不上拥有财务自由的人生了。自律是财富管理中很重要的一个因素，后续我们会深入探讨。一个人如果每月有1 000或者2 000欧元的净收入，但是仍然不能养活自己，月月没有积蓄，那么恐怕他也没办法享有更多的财富了。

5号“锅子”里的钱还可以细分为三个小类：

- 一类用于投资，如同我之前描述的那样。
- 一类用于应急（一般要保证有2~3个月的净收入以备不时之需）。
- 再设立一个“睡眠账户”，职业是雇员的人，一般可以存入6~18个月的净收入，如果是个体经营者，建议你存入12~24个月的净收入。

在这方面，安娜就表现得很好，因此，我经常拿她举例子。她每月都把工资收入的一部分存到5号“锅子”里，而且从来没有支取过里面的钱。她从来没有因为想买一条新裙子而去动这个“锅子”里的钱。即便她需要买一辆车，但是在整整一年的时间，她也坚持骑自行车，偶尔坐出租车或者使用共享汽车。她的洗衣机坏了，她坚持不买新的，而是跟邻居商量暂用人家的洗衣机。

当时每月有 2 000 欧元净收入的安娜，将其中的 15% 甚至更多用于储蓄。她每个月都存大约 300 欧元，因为她明白，她需要即刻开始尽可能多地在 5 号“锅子”里面存钱，这会让她受益匪浅。安娜也按照我们的建议，把一个活期账户作为应急账户，在出现突发情况的时候，她可以随时使用里面的资金。应急账户里有 6 000 欧元的存款，相当于安娜 3 个月的净收入，她从一开始工作便开始积累这笔钱了。她知道在任何情况下她都有自主选择的权利，比如，在跟老板谈薪酬的时候，她会更有底气，因为她在财务上不需要依附谁。

近期，安娜又每月向“睡眠账户”里存入净收入的 10%，她的目标是存够 9 个月的净收入，也就是 1.8 万欧元。这些钱不会被用于投资，而是会长期留在这个账户中。安娜因此获得了前所未有的安全感。在生病的时候，在出现意外情况的时候，或者在经济危机出现的时候，如果她计划着使用，那么这个“睡眠账户”里的钱足以支撑她一年的生活。1.8 万欧元足够使她体面地生活，不需要再为渡过难关而做出重大决策或者在自我调整的时期感到恐慌。她不需要陷入举债的窘境，也不会丧失财务自主权。她有能力安排自己的生活，不用再小心翼翼地请求房东，也不用跟银行说情，更不会被要求搬离她租住的漂亮房子。她可以继续在经济上帮扶罹患慢性疾病的姐妹。安娜为自己，甚至为他人提供了安全感和关爱，负起了责任。安娜由此获得了成长，人人都可以看出来，就像她站在我面前，跟我讲述她那些余额满满的账

> 财务自由的人，
> 行事更有力量。

户时一样，她变得更加自信，也对自我更加明确了。

5 号“锅子”中余下的 1/3，大约是月收入的 5%，安娜用于财产增值。安娜在这一点上坚持得尤其好，所以我总是喜欢讲她的故事。因为有很多人并没有做到像安娜这样。长久以来，他们都认为，如果将来某一天自己赚的钱足够多了，他们才能开始存钱，这导致他们总是无法行动起来。审视大部分人平常的生活，我们可能也会觉得这种想法无可厚非：上完了中学上大学，然后参加职业培训，从父母家里搬出来，之后会有第一辆车，第一个住处，第一个男 / 女朋友。再后来，人生被束缚得更紧了，我们结了婚，生了孩子，买了房子。做完这些之后，我们会发现，自己也没有什么余钱用于储蓄了。

将来再存钱，这是自欺欺人的想法。

我要重复前面的观点：在这些人生阶段，我们都没有学习过如何正确对待财富。因此，大部分人很难实现财务自由。那些认为可以将来再开始存钱的人，只是在愚弄自己，在扼杀自己的未来。这也正是 5 号“锅子”如此重要的原因。我们需要向安娜学习，持续地将 10% 或者尽可能多的收入储蓄起来，不断地向财务自由的目标靠近。其中，持之以恒是最重要的秘诀。

在安娜应用“锅子系统”之后不久，她获得了一次大幅涨薪的机会。当时她也设想过买一套漂亮的新家具，但是认真考虑了一段时间后，她不但放弃了这个想法，还决定仍然保持涨薪前的支出水平。这样，她就可以把 5 号“锅子”10% 的储蓄比例进一步提高了，就像我前面建议的那样。大家可能会好奇，安娜有没有花掉她的圣诞节奖金补贴？答案是，当然没有。她把节日奖金存在了“睡眠账户”里，一段时间后，她实现了在“睡眠账户”里存够 6 个月净收入的目标。

关于由涨薪和发放奖金获得的额外收入，我也有一个大致的建议：至少要把这些收入的50%存下来。这些钱本就是计划之外的收入，因此我们不能全部花掉。

那么对待债务又有什么策略呢？我的建议是，把可用于储蓄的钱的一半用于偿还债务，把另一半存在5号“锅子”里。人们在还债的时候都会有缺乏动力的问题。减少负债和用5号“锅子”里储蓄的钱去投资应该是并行的，否则两年之后，即便我们最终能够偿清债务，我们的资产也毫无增值，这样还不如把偿债的年数拉长一些，给资产的增长留出一些空间。如何正确处理负债，后文我会具体介绍。

编织你的财富梦想

> 生活有缓冲空间的人，可以更加平静地看待很多事情。

安娜如今过得怎么样？安娜在财富管理方面获得了诸多感触。在没有太多改变自己生活方式的情况下，她已经在各个财富分区中存下一大笔钱了。“太神奇了，我居然并没有感觉到自己的零花钱比从前少了，就好像‘锅子系统’把钱变多了一样。我简直不知道从前把钱都花到哪里去了。我感觉自己在个人财务方面更加独立和成熟了。应急账户里的钱，还有‘睡眠账户’里的钱让我感觉很安心，因为我的生活有了缓冲空间。”

安娜的独立自主是显而易见的。我发现，经过了两年的时间，她成熟了，行事更有责任感，不再像少女时那般冲动、欠考虑，当我们找了一个氛围轻松的地方坐下来时，我观察到，相较于从前，别人对待她的态度也更慎重了。为此，我感到十分喜悦，“锅子系统”是可行的，而且很有效果。

至此，我们终于可以归纳一下“锅子系统”的作用和它更深层次的意义了。首先，我们可以习得并实践良好的财富行为所需的各种新能力。如果想得到不同的财富管理结果，我们就必须改变原有的行为。因此，在确定“锅子”之间的资金分配比例的时候，我会建议你把目标定得略高一些，不要让它很容易就能实现。这样的话，你可以避免陷入一种情况：“该死的！为什么我的财务管理彻底失控了，怎么总是什么钱都存不下？”现如今，我已经非常确信，如果一个人每月净收入 2 000 欧元，但依然做不到好好生活，做不到没有债务，依然没有财务缓冲能力，那么他未来同样做不到实现富裕。当能够向自己证明，向生活证明，你可以良好地打理个人收入的时候，你才有可能获得更多。关于这一点，我们暂且说到这里。

其次，我们可以开始关注财富、编织个人财富梦想了。你会有另一种人生体验，那是一种富足的感觉，如果我们每月都把 10%～15% 的收入存下来，很快就可以积累出一笔数目不小的钱。用于公益捐赠的 4 号“锅子”也是同样的道理：当我们有能力慷慨、大方地捐赠，知道自己可以帮助他人、可以为某些事做出贡献的时候，我们会有自豪感。洗衣机又坏了怎么办？你完全不必担心，因为你早就未雨绸缪了。经济上的独立自主让你能够直接到电器商店买下标价 1 000 欧元的最新款洗衣机。随着时间的流逝，你的感觉和思维会与良好的财富行为实现匹配。在此后的日常生活中，你会发现“锅子系统”越来越多的作用，那一刻，你就是在编织自己的个人财富梦想。

编织你的财富梦想！

在不断实践和积累经验的过程中，我们也更加了解自己，更加懂得人与财富之间的关系。我们不断地审视自己，对自己做出判断。我们如何坚持应用“锅子系统”，如何在生活中持之以恒？也许你会说：

“哦，这个，无法坚持难道不是人之常情吗？”如果我们不严肃地对待财富，我们会不会错过很多东西？也许，你还会说：“这也没什么大不了的。”你还是不打算认真对待，对吗？你是一个对自己保持诚实的人吗？还是总是试图欺骗自己？你是一个自律的人吗，你是否有毅力？

又或者，你是不是总是吝于捐赠？也许，你会偷偷对自己说：“菲利普说过，让我们把收入的10%捐出去。在其他的问题上，我也许会听从他的建议，但是捐赠这部分，绝对不会。我不但这个月会把4号‘锅子’里的钱给花掉，下个月还要花掉。马上就要过圣诞节了，我需要用钱买礼物。”你在生活中是一个慷慨的人吗？你是个只索取不付出的人吗？别的“锅子”里的钱，你也会花掉吗？你体会过“赠人玫瑰，手留余香”的幸福和快乐吗？

简言之，一句话：

当我们思考与财富相关的行为时，我们的个性也会进一步发展。

反之亦然：

通过个性的进一步发展，我们也会改变自己的财富行为。

“锅子系统”会在这个过程中发挥辅助作用。但是，仅靠这个系统是不够的。为了更好地打理财富，我们能做的事情还有很多。如何通过不同的行为方式创造财富，如何减少负债，如何完全避免负债，如何在保持适度消费的同时逐步积累财富，而且还不沦为贪心、小气、固执之流，我们将在下一章探讨这些问题。

提高收入：踏上通往富裕之路

有一次，一对儿夫妇来听我的研讨会。在我们探讨财富行为方面的话题时，我问他们："请问，你们二位谁带现金了？"丈夫大约50岁的样子，脸上挂满笑容，用一副仿佛是"这下你算是问对人了"的神情看着我，掏兜的动作也很夸张，他把一沓面值50欧元的纸币放在了桌上，还有一些20欧元的，以及一张100欧元的。他的妻子就坐在他旁边。整个过程中，妻子都盯着自己面前的桌板，略显尴尬。她一分钱都没带。我只是对她礼貌地微笑。

正当这时，妻子仿佛突然回过神来，她坐直了身子，嘴巴像开了机关枪一样急迫地强调："我们俩的钱是放在一起的。"

"啊，是，原来是放在一起的。"

我首先想到的就是传统的家庭角色分工。

"不是，我是说，"她又补充道，"他兜里揣着他的钱和我的钱。"

我顿了一下。

"这就是件很有趣的事情了！你说你们在进行财务分割，但是，你的先生却对此一无所知。这只能属于非官方财务分割。"

当天参加研讨会的有大约90人，大家听到这里都笑了。此时，这位丈夫深吸了一口气。

我当时只是举个例子，之后，我就没再打扰这对儿夫妻了。但是，这对儿夫妻的表现却透露出他们在财务管理方面的一些观念。通过几个问题，我可以知道他们分别属于什么类型。他们通过自己的行为表现，让自己的财富观念显而易见。大家可能会问：在一段婚姻关系中，一个人需要独立为个人财务负责吗？如果不必靠一人承担起个人生活和婚姻关系中的全部财务责任，那么夫妻双方可以相互依赖的程度有多少？夫妻一方私下偷偷计划“分账”，而另一方却全然不知，为什么会这样？是有一方心思已经不在这段婚姻中了吗？婚姻中的一方，就比如前面提到的课堂上的那个丈夫，他会期待妻子与他共同承担经济责任吗，还是他非常乐意一个人承担家庭的全部经济责任？在谈论钱的问题时，他们是在平等的基础上进行交流的吗？他们在婚姻关系中是否能做到完全平等呢？

你属于哪种财富类型？

现在，我想问你几个问题，我从你的答案中可以看出你对待财富的态度。当你外出的时候，你会带现金吗？你会带 500 欧元以上，还是带 1 000 欧元以上或者 2 000 欧元以上？还是你根本就不带现金，完全依靠信用卡或者储蓄卡支付？在研讨会上，我听到的答案有，“有些东西我会用信用卡支付”，“去面包店或者餐厅时，我可能会付现金”，“我钱包里一般会放一些 10 欧元的纸币，还有一些硬币，这样就算被偷也损失不了多少钱”，还有人说“我尽量避免使用纸张，也包括纸币”。

你知道为什么我会关注带不带现金这件事吗？因为我们做的所有与钱相关的事情，都会透露出我们对待财富的态度。如果你仔细想想自己在金钱的话题上说过什么，你就会知道，自己在关于财富的问题上都是怎么想的。如果你观察自己在对待个人账户时的情况，当时的感受就表明，金钱对你来说意味着什么。在是否携带现金这个问题上的处理方式会折射出你对财富的心态。我根据数年来在研讨会上积累的经验，将人分为不同的“金钱类型”。你可以根据我的划分标准，看一下自己属于哪种类型，并从中得出自己的结论。

“安全类型”：这种类型的人在出门的时候，更倾向于把钱存放在安全的地方，而不是揣在兜里。当他们的钱安全的时候，他们自己也会觉得安全，这对他们来说是一种很好的感觉。与此同时，这种类型的人特别害怕东西被偷。

请思考一下自己对财富持有怎样的态度。

有一次，在加油站，我从兜里掏出来一沓50欧元、100欧元的纸币，然后，我就听到身后有一个人用很严肃的教育人的口吻说道：“你就不怕这么多钱被偷吗？”于是，我转过身，看到一位50多岁、脸型细窄的女士。她留着深色的短发，穿着西装外套和牛仔裤，脚上踩着高跟鞋。

“谁偷我？你吗？你从后面把手伸进我的裤兜里？”

她用吃惊的眼神看了我一会儿。然后，我们俩就只能微笑了。

“安全类型”还有另外一类有趣的“变种”，我在之前的研讨会上接触过。她是一个瑞士人，名叫利维亚。当时在课堂上，我把裤兜里的钱全掏了出来，想让大家看一下我一般随身带多少现金，我还建议大家也把自己的现金拿出来看看。这时候，利维亚把手伸进了外套兜里，掏出了一小堆瑞士法郎和欧元，放在了她面前的桌子上。之后，她并没有停下。她又去掏自己的背包，从里面拿出了另一个小包。此时，整个班级都安静下来了。她还是继续掏呀掏，腰带里，内衣里，还有靴子里，都翻了一遍。看到这儿，我们所有的人都惊呆了。

“安全类型”的人不能与自己的钱舒适共处。

“那个，菲利普，我们瑞士人就是对数目比较仔细。”她用那种缓慢的、带瑞士方言味儿的口音说。

此时，全班哄堂大笑。不过，笑归笑，我们还是要注意核心的东西：一个需要把钱放在安全地方的，或者放在靴子里的人，对其他人用卡消费的人花得更多。

肯定是特别缺乏信任的。根据我的经验，其中的原因往往是，这类人对钱没有好印象。有些人会认为，钱是肮脏的，而这会直接导致持有这种观点的人既不能守富，也难以创富。这种类型的人一般还有另一些特征：他们虽然担心自己的钱会被偷，但并没有太多的兴趣去看管自己的钱，他们也害怕失去金钱。

“刷卡类型”：这种类型的人，哪怕是再小的金额，也要刷卡支付。你是这类人吗？你的支出有多少？你能准确地计算出来吗？很多人都会有这种感觉，用储蓄卡或者信用卡支付的人，会比用现金支付的人多出四五倍的支出。为什么会这样？原因当然很简单，刷卡支付时，不用真的把钱放到收银台上，人们根本感觉不到自己在花钱。现金会让我们明确地知道自己花了多少钱：我们从兜里掏出钱包，从钱包里拿出相应金额的现金，在给别人之前，我们会再确认一下，手中的纸币是 50 欧元的而不是 10 欧元的，然后，我们递给负责收银的女士，我们眼看着她把钱收过去，然后，她会找给我们零钱。但是，如果刷卡支付，我们就只会在支付流程的最后阶段，在收银机上看到需要支付的金额，实际的扣款则是在后台悄无声息地运行中完成了。只有在后来，我们在查看了自己的账户后，才会看到那笔消费，此时我们或许才有机会问问自己：这个东西我确实需要吗？

你的情况是怎样的呢？你是否意识到自己具体花了多少钱？那些也许是你十分辛苦才挣到的钱，在你输入密码之后就被花掉了，可能是用于买一条新裤子，但其实家中的柜子里已经挂了七八条差不多样式的裤子了，你完全不需要再买裤子。

“夫妻类型”：这就是我们在前文描写的那对儿夫妻所属的类型——“我们俩的钱是放在一起的”。对于此种观点，我还能再说什么呢？亲爱的妻子们，亲爱的丈夫们，如果你们不愿亲自管理自己的财务，你们就永远不可能变得富裕。停止吧，别再让另一半代替你承担财务管理的责任了！因为你的另一半不一定什么时候可能遭遇失败，甚至其他意外，比如重病或者死亡，你们也可能离婚。也可能，他尽管承担了你交付给他的责任，却不善于跟钱打交道。如果你通过阅读这本书学会了如何做得更好，如何获得更多理财收益，你还会愿意把钱财的事委以他人吗？无论你是男士还是女士，只要没有独立承担起责任，就不会有机会实现富裕。

“现金类型”：这是最后一种类型，也是一种十分有趣的类型。“现金类型”的人一般包里都有多于 500 欧元甚至 1 000 欧元的现金。能随身携带这么多现金的人是怎样的一类人呢？恰巧，我就是这类人。我总是预备很多现金，无论是放在钱包里，还是放在账户上。我认为，当我们的现金流动性充足时，我们就更有可能抓住机会，例如，我们本来就打算买某个东西，正好遇上这个东西有大的折扣，我们就可以立即买下来。对我来说，包里放多一点儿现金意味着拥有的选择权更多。充足的流动性是富人的秘密之一，它可以让人有富足感。带着 1 000 欧元上街的人，可以体会到或者提前感受到自由支配很多钱的快感。但同时，他也明白，他不一定非要去实践所有的可能性。还是同样的问题：“这个东西我们确实需要吗？”在生活中拥有更多可能性和选择权的人，也许可以更轻松自由地回答这个问题。他们做出“我不需要”的判断，起码要比那些感觉自己被无力完成的事情包围的人更容易一些。

身上带着很多钱的人，更能够把握机会。

试着做一个“现金类型”的人吧！

你可以尝试一下：出门的时候，带 1 000 欧元、500 欧元，或者哪怕 100 欧元现金在身上。关键不是现金的具体数额，而是要比你正常情况下出门时带的明显多一些。这些金额要足以支撑你尽情发挥自己，离开往日的舒适圈。

然后，你就可以开始尽情体验富裕的感觉了。钱一定会给你带来这种感受，我向你保证。当感受到这点之后，你马上就会明确自己想用这笔钱做什么，以有意义的方式。想想看，你希望用这笔钱实现的个人价值是什么？

有一回，我在研讨会之后把上面的这个练习作为家庭作业布置给了大家，之后我便收到一个年轻学员发给我的邮件。这个学员也就刚过 20 岁，他告诉我，他在课余时间会兼职做服务生。他真是特别出色地实践了我的建议：他在做兼职的时候，兜里还装了 200 欧元呢！

“你知道吗？菲利普老师，”他在邮件中写道，“我按照你的建议去做了，就在第一个晚上，我就得到了双倍的小费！没过几天，我兜里就有 400 欧元了，而且我还在不断地收到小费。你的方法真管用！”

读到这里，我特别高兴。我继续往下读：“因为我已经存够了钱，所以我去租了一辆奥迪 R8 Spider 跑车。哇，开超级跑车的感觉简直太酷了！”

读着读着，我感觉自己的肠胃仿佛在缩紧。那种开心，那种我在大致浏览这封邮件时感受到的兴奋之情都烟消云散了。失望的情绪在我的心中蔓延，我就像一个被放了气的气球，此外，还有些许愤怒的火苗逐渐在我心中燃起。我此刻真想打醒他，我想叫醒他："年轻人，难道在你的生命中，除了开豪车，就没有能用钱去做的更好的事了吗？看来，你还有太多事情需要去学习，关于财富，关于人生的意义，关于负责任的财富行为。如果你继续这样，把自己多挣来的钱花在完全不必要的消费品和其他没用的东西上，那么，财富是绝对不可能在你身边停留的。请你还是先去找寻个人的人生意义吧，然后，在许多年以后，我们可以再来探讨金钱和财富的话题。"很显然，这个年轻人并没有体悟到财富法则背后最重要的奥义，那就是：我们需要把财富与人生意义紧密联系在一起。

我们需要把财富与人生意义紧密联系在一起。

读者朋友，如果你已经准备好了用钱去做一些有意义的事情，在良好的财富行为方面，我还有进一步的建议。首先，我们可以看一下，在工作方面我们还可以做哪些努力，以便获得更高的收入。我敢肯定，每个人在这方面都有进一步提升的空间。这个建议首先适用于白领群体，其次是创业者。具备创业精神的创业者在工作时可以更加直接地去实践良好的财富行为。一些与财富相关的创业原则对白领群体来说也有借鉴意义。其他企业雇员在这方面会面临不同的选择，也有很多发挥的空间。

其实，在很多问题上，企业雇员和老板之间的区别并没有那么明显，比如对企业的忠诚度。员工对上级的忠诚度很重要，公司的管理者也需要对客户展现忠诚度，在很多其他原则上，比如"要不断自我提升"、"报酬谈判"，以及"说服和动员他人"，这些不仅适用于公司管理者，也适用于员工。总之，去寻找最适合你自己的，或者对你来说称得上挑战的东西，你会在其中发现发展的潜力。

主动承担

等到下次，老板再安排什么工作，可是没人愿意做的时候，你一定要主动报名。你要用愉悦的声音说："老板，我愿意做。"而且之后，你要确实把这个工作完成得很好。一开始，你的老板可能会想："他怎么突然就变了？"他也可能很怀疑："他到底要做什么？"但是，这些都无所谓，你这样做就好了。你要做早上来得最早，晚上走得最晚的那名员工。诚然，不是所有老板都认为这样的行为是有意义的，但是最起码，你的确比其他的员工多付出了一些。要是你现在平均每天工作 8 小时，那么以后，你可以工作 8.5 个小时。你也不必过多地谈论自己的表现，最好是让这些话从其他人口中说出："那个人，就是突然就转变了的那个，你可能已经注意到了，他现在总是多加半小时班呢！"如果是其他人跟老板讲了这件事，效果比你自己说好多了。总之一句话：要多干活儿。不是说要过度工作，但是，适当多干几个小时是必要的。这就是我的第一个建议，这么做的目的从长远看，是多赚一些钱。这是在为进一步的发展做准备。

保持忠诚

我自己就是老板，因此，我会站在企业管理者的角度给出第二条建议。有一种行为，我作为一个老板，是绝对不会原谅的，那就是不忠诚。

忠诚是最值得给予高薪的品质之一。

当事情的进展不尽如人意的时候，我从来不会责怪员工。没关系，我始终站在他们身后。但是，如果我发现有员工对公司不忠诚，无论这种不忠诚是以何种形式表现的，他都可以直接卷铺盖走人了。公司绝对不会给他第二次机会。

忠诚并不意味着凡事全盘接受，没有自己的意见，忠诚的意思是，不在背地里做坏事。所谓的“坏事”比我们想象的更容易发生，比如在走廊上讲领导和同事的闲话。“他又干什么了？这怎么可能！”“哦不，怎么会呢？这根本不可能！”想想看，你自己多久会做一次这样的事？

“这些事跟钱又有什么关系呢？”你也许在想。在本书的下一章，我们会详聊关于“尊重”的话题。现在，我只想大概说说：下一次，如果你的同事又开始在过道上闲聊，谁又胖啦，谁又懒啦，谁身上有一股怪味啦，不要听，请转身离开，不要跟他们闲聊。你要这样想：“其实我们自己也没有比人家好。刚刚被谈论的那个人，他身上也许是有点儿怪味，但是，我们自己也可能会有呀。”在企业里，忠诚永远是最值得高薪、最难能可贵的品质之一，而下面这条规则也是其中之一。

欣赏他人

要学会欣赏他人！此处，我指的是，在工作以及与同事和上级的交往中，要能够保持欣赏他人的态度。我们要常怀感恩之心，也要不吝于表达谢意。比如：“谢谢你，我昨天因为女儿的事情必须离开，是你替了我的班。你帮了我一个大忙。”又或者：“谢谢你昨天开导我，我现在觉得压力小多了。”我们也可以直接赞美其他人的优点：“你在给出建议之前，总是能认真倾听，我觉得这点太棒了！”

“欣赏他人”不是让大家假装友好。我们的目的是把对别人的欣赏表达出来，让别人也能感受得到，别无其他。我们可以有自己的观点，也可以不赞同其他人的意见。但是，我们要当面表达，不可以在背后议论他人。即便在事实层面或者在关系层面有全然不同的看法，我们也需要保持欣赏和尊重，例如，你可以直截了当地说："我完全不能认同这个观点。我认为，当有同事表达了自己无法完成这项工作时，我们一定要非常认真地对待。"

当我们抱有欣赏的态度时，我们会赋予自己和他人更高的价值，并因此发展价值感和自我认同感，很明显，这反过来又会促进财富的增长。我会在后面的章节具体探讨这个重要的话题。

与上司谈加薪

从某种程度上说，前面三条建议都是在为这条建议做铺垫。一位美国总统说过一句至理名言："别问国家能为你做什么，要问你能为国家做什么。"如果你已经实践了前面的建议，那么过一段时间，最少 6 个月，最好是 12 个月，你就可以去找你的老板或者人力资源部门的负责人，申请一次与他们的正式谈话了。如果你是自雇人员——无论是自己干还是雇用员工，你可以去找客户谈。你可以找合同的甲方，要求安排一次谈话。

一次谈话就可能让你账户里的钱变多。

与老板谈也好，与甲方谈也好，谈话的目的都是一样的。这会是一个决定性的时刻，会非常具体地影响你账户的收入。对你来说，在这次谈话中，你只需要问一个问题就行了。为了更具象化，我用某个员工要求大幅涨薪的例子进行说明。当然，也需要请你理解我，我考虑事情时总是喜欢想得比较多，所以，我们姑且举一个大幅涨薪的例子吧。你需要问的问题就是：

“亲爱的老板，如果我想每年多赚1万欧元，那么我需要为公司做些什么呢？我创造哪些价值，可以让你认为我值得多获得1万欧元的工资？”

偶尔，我会在我的演讲或研讨会中，问那些从事人力资源相关工作的学员，有谁曾经在工作中被问到类似的问题。几乎没有人举手说有。

为什么你应该赚更多的钱？

关于薪酬的话题，我也为你准备了一个小练习，你最好现在就做一下这个练习：请拿出一张纸，写下来，为什么你在年底应该获得一次涨薪机会：

- 为了获得更多的收入，你在公司里都做了哪些事情？
- 你今后还会为公司做哪些事情？

请诚实地罗列出来，并在职业生涯中时不时地问自己这两个问题。

很可能，你的老板会回答：“啊，这个问题我还没想好怎么回答你。”

对此，你可以说：“我理解，你也许没办法马上回答这个问题。这本身可能也不是一个常规问题。那我能否约你下周再谈一次，到时候你再告诉我，我能做什么，我需要学习什么，说不定到时候你会愿意给我涨1万欧元工资。”

如果一周后你意识到老板并没有再次与你谈话的意思，那么，没有比现在更合适的时机了，作为一名优秀的劳动者你可以考虑换一个雇主了。这里面的绝招其实就是毛遂自荐。现今的技术条件为我们提供了很多渠道，推荐自己并不需要多大的成本。更新一下个人简历，拍一张像样点儿的证件照，再写一封言辞恳切、富有个性的求职信，一切就搞定了。

我想讲讲我的太太是如何应用这个方法，在 6 年间实现了薪酬翻倍的。当年我刚认识我太太的时候，她一年赚 5 万欧元，对一个 30 岁左右的女性来说，这已经是很不错的收入了。然而，5 年后，她的工资收入就已经达到近 10 万欧元了。我们能做到让她的收入增长 100%，靠的就是这个方法，靠的是问了老板对的问题，靠的是她为公司做更多贡献的意愿，以及她正确的努力。

这样的加薪幅度是令人印象深刻的，尤其是对女性来说，具备相同职业素养的女性的报酬总是少于男性。这就是所谓的性别薪酬差距，它描述了在单位时间内，男性与女性劳动者在可比工作中获得的薪酬的差异。人们比较了德国的全部男性劳动者和女性劳动者的平均收入，发现女性的收入仍旧比男性少大约 20%。在德国社会中，即便与男性表现相当，甚至有时表现得更好，女性也并没有得到与男性一样的重视。但是如今，我们已经无须为此感到沮丧了，相反，亲爱的女性读者，你已经找到了消除性别薪酬差距的好办法。我的建议还会让事情变得更容易解决。我想象过，这甚至还可能激起女性的好胜心：“如果我做不到比我的男同事工资更高，那岂不是要给人看笑话了！”

找到消除性别薪酬差距的好办法！

做自己的老板

你还记得本书开篇的那些内容吗？我说，我只能做好管理财富和照顾家庭两件事。其实事情也没那么绝对，再多做一两件事也是可以的，其中就包括创业。企业家的思维、感觉和行为方式是创造更多财富的最好方法之一。所以，我才会在此给出建议，多用企业家精神来引导我们自己。我能想象，现在我陈述的内容对一些读者来说，尤其是对那些给别人打工的读者来说会有些刺耳。举例来说，不久前，有一个30多岁的男士找到我，向我寻求建议："菲利普，我想成为一个百万富翁，我需要做些什么？"

于是，我问他现阶段从事什么职业。他说自己在一家保险公司做控制员。然后，我们又交流了一下他迄今为止在金钱方面的经验，之后我回答了他的问题："如果你想在财富方面走得更远，那么作为一名雇员，你是没有机会的，或者至少可能性极低。这一点已经被统计数据证实了。"

> 企业家通常秉持财富友好型思维模式。

他看起来相当尴尬，但是我相信，他已经懂我的意思了。之后我又跟他讲了雇员和企业家在面对财富问题时的差异。我此处表达的观点都是有充分理由的。首先，这种差异体现在思维模式上。企业家的心态与雇员完全不同，可以这样说，企业家秉持财富友好型思维模式。这种思维模式可以极大地帮助企业家创造更多财富。优秀企业家具备的很多素质都有助于创造财富，其中就包括良好的财富行为，这些行为对雇员来说也值得学习并掌握。我们可以先从一个非常宽泛的话题开始，即积极利他。

全力以赴

一个优秀的、能够获得长久成功的企业家从不会问自己如何才能多赚些钱；相反，他会问自己，如何能让自己对客户和合作伙伴来说更有价值。雇员也可以尝试这样想问题，首先思考自己能为客户、为合作伙伴和同事带来什么价值。在全力以赴完成工作的问题上，我在前面提过的内容会有帮助：自愿负责，主动承担。

当我们秉持这种价值导向型的理念时，很多人就会找到我们，因为他们知道，这样做会有所收获。各行各业都可以观察到这种现象，某个人在其所在的行业收入颇丰，原因是他能够为别人创造更多的价值。我们可以举一个家政服务员的例子：想象一下，你正在打扫房间，这时来了一个家政服务员。世界上就是有那么一种家政服务员，业主巴不得他们尽早离开，因为如果他们不走，业主甚至会担心他们把房子给拆了。进入一个房间之后，一个优秀的家政服务员首先会做什么呢？他会扫视一下地面，然后拿出无纺布或塑料薄膜把所有区域都盖好，最终使每件家具或者每一平方米的地板都得到保护。如果遇到这样的家政服务员，人们肯定就会想："哇，太专业了！这个人要是能成为我家的专用家政服务员，一直在我家干下去多好，最起码从现在开始，我会反复雇用他。"

对这样的家政服务员来说，生意总会找上门。原因就是，他能够站在客户的角度思考问题，他能够为客户着想，与客户共情，他希望自己出色地完成工作，他愿意为客户全力以赴。

如果一位企业家拥有这种理念并且能坚持以身作则，那么，这不仅能让客户满意，不仅能提高企业的营业收入，还能让更多人愿意投奔这家公司。我就特别确信，我的团队会为了公司的福祉全力以赴地工作。当一位企业家秉持价值导向型理念时，他自然就会找到合适的人才。每家公司每个月都在做人力资源工作，但是，又有多少企业家能说，他真正挖掘到了对的人才呢？

拓宽业务领域

每家企业都会涉及一个重要的问题：我们的核心业务是什么？在企业的核心业务中，核心的核心又是什么？在公司里，我每天都会问自己："你刚刚做的那些乱七八糟的零碎事，能不能交给团队中的某个员工去完成？"

大部分企业家都应该听说过一个法则："一个企业家不是要在企业里努力，而是要在企业上努力。"这句话想表达的意思很明确：如果一家公司仅有一个、两个或者五个员工，那么，老板可能仍然需要参与一些日常运营工作，但是如果已经有十个或者更多员工，老板就不应该再围着公司的日常运营打转了，一点儿这样的事情都不要做了，他应该集中精力考虑如何让企业进一步发展。那么，在我的企业里，我的主要工作是什么呢？是站在讲台上，站在参加研讨会的学员面前。但是，学院也不仅仅是我一个老师，凯文和亨尼西也讲课。其余所有事，凡是不必由我亲自完成的，我都可以委托给其他人处理。为此，我必须雇用员工，或者再引入合适的商业伙伴。有些人会想在这方面节约成本，因为人力成本是很昂贵的，但是，如果你想在财富的道路上继续往前走，让公司继续发展壮大，这无疑是错误的想法。

> 我们的核心业务是什么？

在试图回答"我们的核心业务是什么？"这个问题的时候，我们不妨思考一下，是否还能拓展其他业务。譬如，针对人们不愿自己动手做的事情，我们可以设法提供进一步的服务。我举一个牙科诊所的例子：10 年前，在之前工作的那家公司，我为很多牙科诊所提供投资和保险咨询服务。有一次，我与其中一家诊所的所长坐在一起，我问他："您作为牙科专家，也会做牙齿保健和相关疾病预防的业务吗？"

"是的，"他说，"而且收入还不错。"

我在凳子上欠了欠自己的屁股。

"您真的亲自上手做吗？比如洗牙。"

"是的，"他说，"我很喜欢洗牙，半小时就能赚 80 欧元。"

我摇了摇头。

"你拥有一家诊所和三个护士，你工作就为了半小时赚 80 欧元？"

这段对话已经过去好多年了，在这些年里，口腔疾病预防中心在全德国开得到处都是，现在已经没有牙医亲自给人洗牙了。这个故事告诉我们：如果一项工作属于你原本的业务范畴，但是其他第三方可以替你完成，你就可以去做更有价值的工作。

认真对待投诉

下面的情况你是否已经经历过很多次了：你对某事不太满意，于是，你给某处打电话投诉，但其实并没有人认真处理你的问题？这里面有一个非常简单的企业经营法则：认真对待客户的投诉，因为这样可以培养客户的忠诚度。我就非常愿意接听投诉电话！每一个遇到不满意情况的客户——现在在我的投资学院里已经没多少了，我都会电话回访他们，我会很诚恳地询问他们的想法："烦请你诚实地告诉我，我们哪里做得不好？"

然后，我会对他说："作为一个个体，你对我来说很重要，作为客户和学院的学员，你对我来说也很重要。我需要向你学习。如果你不喜欢我们的产品和服务，我可以接受，如果你退回我们的产品或者取消我们的服务，我也接受。但是，能否再给我们一次机会，请告诉我，我们需要改进哪些方面？”这些话也代表了我内心的真实想法。

亲爱的客户，我们需要改进哪些方面？

没有客户拒绝过我的请求。其他事情也是一样的道理。当我们想卖什么东西时，我们需要了解客户的需求和喜好。在我们收到投诉的时候，我们仍然需要请客户告诉我们为什么他此时此刻不愿意再当我们的客户了。

搭建关系网

每次我参加活动，比如在演讲时，我都会去认识一下活动中的关键人物。随着时间的流逝，我的熟人越来越多，认识新人也变得越来越容易。但是，就算在以前，我也总是尝试认识一些对公司经营有重要影响的人，并持续维护这些关系。这个事情很难描述出来，必须亲身经历才能明白：对财富来说，关系可能意味着良好发展的开始，也可能意味着结束。其中的意义着实难以用语言表达。对个人财富而言，有的关系是好的，而有的关系是有害的。由于关系中的人的不同，关系可能让我们更富，也可能让我们更穷。

关系之于财富，
既可能意味着开始，
也可能意味着终结。

如果我们身边围绕的人都认为有钱人只喜欢炫耀，那就很容易导致我们对财富也没有兴趣。我们可能会因为不想让身边的人，比如朋友或者家人把我们看成那种总爱没完没了炫耀的人，而甘于贫穷且持续贫穷。但是，如果我们身边的人都十分富裕，而且对财富都持有负责任的态度，那就会对我们的个人财富产生正面影响。

学会说服他人

每次当我问一个人是从事什么工作的，或者他公司的主营业务是什么时，我都有一种捶胸顿足的冲动。他们经常会给我来一个长达 10 分钟的介绍！每个人如果想要卖东西、卖服务、卖产品，请准备一个 30 秒的介绍，即所谓的“电梯游说”。我听一个人讲话的时候，他讲的东西必须简明扼要，听完之后，他必须能够让我迫切地想再认识一下某个人，多了解一下他们的业务，可能的话，甚至是直接买下某个产品。产品的定位必须明确。一个清晰且有吸引力的产品定位可以为推销员自雇人员、创业者打开一扇在财务上极具吸引力的大门。

为此，我们首先必须学会说服他人。一切事情的发生都不只是巧合。对许多人来说，高声讲出自己的主营业务，感染其他人，让别人对你的某件东西感兴趣，这是一件很为难的事情。但如果是以员工的身份为产品做广告、宣传公司，他们就会觉得容易许多。不过这样也已经很好了，下一步可以尝试向其他人宣传我们自己的东西。我们的心理素质是一切的基础：我们如果不相信自己，就无法充满感染力地宣传我们自己和我们所做的事情。这是一个自我价值认知的问题，但也不全是。

这也与一些具体的能力有关，比如掌握说话的技巧。一开始，你可能不觉得说话与财富有什么关系，但是只要仔细想一想你就会发现，还真是这么回事。有些人根本没有办法站在很多人面前激情满满地宣传自己的观点。他们甚至超级害怕，因为之前没有学习过如何做。但是，我们如果想要实现财务自由，就必须学会有效激励自己和说服他人，让别人乐意买我们的东西。

知道如何退出

我建立过一些成功的企业，其背后的模式都大同小异，这是因为我明白一件事：作为一名企业家，有时出售业务比经营业务更赚钱。很多人在这方面都没有想明白。根据不同的行业，你可以获得 3～15 倍的出售收入，即一次性获得 3～15 年的经营收入。我本人也出售和合并过公司。为此，我们首先需要打造一个可行的商业模式。在这方面，可以参考大企业的做法，比如星巴克、麦当劳、赛百味。先设立一个门店，使其投产，再把我们的专业知识投入其中，使其盈利。然后，我们就可以不断复制门店了。整个过程的关键词包括标准化、自动化、加盟或者许可经营等。

> 通过出售业务，企业家可以获得更高的收入。

每次成立一家公司，我都会制订商业计划："我想要做什么？""我为什么要做？""我需要哪些投入？""我需要哪些人？""我需要准备多少钱？"除了这些，我还会想："作为个人，我将来如何从企业中退出？"我会提前设计好退出方案。如何从我现在经营的这所投资学院退出，我也已经计划好了，只不过不是现在，而是将来。衡量一家企业价值的标准应该是：老板不在时企业值多少钱，这才是一家企业真正的价值。

当一个企业家想出售自己的公司时，我问的第一个问题总是："如果你休假两周，公司会怎样？"

“那就靠我的合作伙伴呗，还有我的儿子和秘书……”

我紧接着就会问：“那要是你休假 4 周呢？”

“也能混过去，费点儿劲，但是也行吧！”

“那好。那要是你连续 3 个月都不在公司，又会怎么样？”

这个问题，建议每个企业家都问问自己：

如果我 3 个月都不踏进公司半步，那么我的公司会发生什么？

估计 99% 的企业家都会说：“那估计是要完蛋了，至少会特别差吧。”

对此，我会回答他们：“如果是这样，那么你的公司值不了什么钱，甚至可以说一文不值。”

明确职责，规范流程

“明确职责，规范流程”这个标题看起来就很无趣，但是，这件事却非常重要。每家公司都应该有岗位操作手册，准确描述每个岗位的工作范畴：需要做什么？怎么做？不应该做什么？

每家对工作质量有要求的公司都必须用这种方式规范工作流程。这不是一个很难的工作，但是非常重要。这不仅与员工有关，对老板也有影响。因为，如果明天有一个员工说：“我不想干了！”那么，作为老板，你就可以拿出这个岗位的操作手册，把它放到另一个员工桌上。此时，另一个员工就可以学习并接手别人之前做的工作。有了操作手册，你便不用依赖某个员工，也不用亲自收拾烂摊子。

会突然离开的不只有员工，还有老板，老板也会有不想或者不能继续这份工作的情况。如果你突然罹患重病，或者你需要照顾家人，导致你一年半都不能工作，那么你的公司会怎样呢？因此，我们需要明确岗位职责，只有这样，即便老板不在，企业也能顺利运行。一个企业处于成长期时，尤其需要这样做。

敢于决策

当需要我们鼓足勇气，做出明确决定的时候，或许会发生一些奇妙的事情。比如，我们的生活中会突然出现一些新奇的、美好的事情。我们可以用一个生活中的例子来说明这件事：请设想这样一个情景，某位已婚人士，虽然他手指上还戴着婚戒，但是他的婚姻早就名存实亡了。他坐在家里，多年来他心里很清楚，是时候把事情做个了结了。实际上他也只有两种选择，要么，把问题写下来，然后对另一方说："亲爱的，关于这 5 件事，我们需要聊聊。"要么，当他做了一切努力但都无功而返时，那就结束这段关系。

做出决定会让生活更美好。

上个星期，我外出时搭乘了一辆出租车，出租车司机是一个 40 多岁的阿富汗人，他一字一句地对我说："我喜欢你们国家，我喜欢开出租车，我生活中唯一的问题就是我的婚姻。"听了他的话，我觉得惊讶。

"你为何这么说呢？"我问。

他回答我："我在婚外爱上了一个德国人，我多想娶她呀。"

听到这里，我不知道还能说点儿什么。

有些时候，在是否要继续一段婚姻的重大决策上，真相往往是：如果不捅破离婚这层窗户纸，我们就没办法遇到那个对的人。一起吃晚饭也好，在街上看到这个人，觉得“她真美”也好，一切都不可能发生。

工作中也是一模一样的道理：有些人虽然并没有辞职，但是早就心不在焉了。这种现象已经得到科学的证实。盖洛普公司每年发布的“参与度指数”是全德国范围内最知名、最广泛的围绕工作质量话题的研究，旨在探讨员工与工作的情感纽带对员工在工作中的状态与动力的影响程度。研究结果表明，在德国，有近600万劳动者处于“心里早就辞职了”的状态，占劳动者总人数的大约16%。多年来，这个研究结果基本上没什么变化。更准确地说，有69%的劳动者在工作中只做必须做的事。只有15%的劳动者对公司有高度的情感依托，并全心全意地工作。每年这种现象对国民经济造成的损失都高达1 220亿欧元。

这是一个多么让人震惊的数字。每次想到这里，我的脊背都阵阵发凉：每天都要花费8~9个小时在自己根本不想做的事情上、在“心里早就辞职了”的工作上，这是多么可悲的人生！这样又怎么可能实现富裕呢？

如果你是一名企业家，你现在可以设想一下，这种情况会给你的企业带来多少损失；如果你是一名员工，也请你想想，如果你长久以来也处于“心里早就辞职了”的状态，那么为什么还要继续在公司里待下去？这对你自己和公司来说都是一种损失。

旧的不去，新的不来。

很多人患得患失，害怕好事不会到来，于是就一直等在原地。但是，如果旧的事物一直牵制我们的精力，那么一样不会有新的、好的事情发生。我不鼓励任何人在未经慎重思考的前提下，在没有真正理由的情况下辞掉自己的工作，成年人不应该冲动行事。但是，如果实际情况是，

“去年一整年，我已经努力过了，但还是无法做到与这家公司、这些人共处”，或者“我已经不认可自己销售的产品了”，“我不喜欢我的同事们”，“我的工作没有得到合理的回报”，那么，此时是该做决定了，做出决定，才会有新的好事发生。

自我提升

如果你希望自己变得更有价值，你就必须不断学习。我在有关“锅子系统”的章节阐述过这个观点。我们可以通过线下培训、线上课程以及阅读等自学方式完成继续教育，投资我们自己。继续教育有助于我们提升个人价值。学习讲话技巧、公开演讲也很重要，这是一种对自己非常直接的投资。想承担领导职责的人，无论处于什么样的岗位，都需要具备沟通交流能力和领导能力。持续投资自我并从中获得成长是回报率最高的投资方式，我们会因此自然而然地快速致富。例如，我们可以学习如何销售。

在这个方面，无论你是雇员，还是创业者、企业家，都是一样的。在所有关于致富的小建议中，“投资自己，投资成长”是能够最快付诸实施的一条。有很长一段时间，我周游世界，遍访名师。我投资自己的成长，事实证明，这些都是值得的。我不是唯一持这种观点的人，世界上最富有的人之一沃伦·巴菲特也这样认为。

根据 2019 年的《福布斯》富豪榜，沃伦·巴菲特凭借其名下的约 830 亿美元资产稳坐世界财富第三把交椅。一个人能够拥有如此多的财富，我想他一定是做了什么正确的事，他身上一定有什么地方值得我们学习。沃伦·巴菲特的年薪仅有 10 万美元，这个数字对他来说太少了。他毕生都将“学无止境”作为基本信条，还建议他人：

"尽最大努力投资自己。不管任何时候，我们自己才是自己拥有的最大的财富。每个人都只有一个大脑和一副躯体。此生，我们需要维护好它们。"[1]

关注劳动价值

错误在于：贡献如此杰出，可是要的报酬却少得可怜。

一说起这条建议，我马上就会想起我儿子们的空手道老师。我想，若举例说明劳动报酬和劳动价值严重失衡的问题，没有比她更好的案例了。

她这个人的个性没得挑，让人印象深刻。对我和我的儿子们来说，她绝对是一个榜样：她的待人接物，尤其是对待孩子们的态度、她的示范动作、她教授空手道时的专业度、她的耐心、她的专注、她对自己教学内容的热情，这些都无可挑剔。

在她的带动下，孩子对学习空手道热情满满。孩子有热情，家长也因为孩子的热情而备受鼓舞、热情高涨。孩子能够有机会接触、学习如此有意义的重要的事情，大家都觉得很开心：他们锻炼了自己的身体，也从中学习了智慧，他们懂得了如何专心致志，培养出了良好的身体感知，还增强了自信心。如果遇到紧急情况，比如在马路上受到攻击，那么受过良好训练的他们也能够自卫。而且，人的这种自信有的时候会释放出一种气场，这样的人更不容易受到攻击。但是，绝对的安全自然是没有的，总是会有那么一些情境，我们无法施加任何

1 详见 www.businessinsider.de/wirtschaft/finanzen/warren-buffet-investieren-tipp/（2020 年 2 月 17 日检索）。

影响，人做不到完全掌握自己的命运。我这是在说什么呢？我是不是有些跑题了？

若说这位空手道老师为我的儿子们，为我们做父母的，还有为其他孩子创造了怎样的价值，我能写整整一篇文章。她做的事情难道不是有意义且有用的吗？是的，当然是有意义且有用的了。但是，我在她身上发现了一个大问题，那就是她忽略了一件事。你肯定已经知道我指的是什么了：相较于她杰出的贡献，她要的报酬太少了。她没有赋予自己本来应得的价值。她为别人提供了价值，却没有获得合理的收入，她忽略了劳动价值货币化的问题。她没有给自己的劳动设置一个合理的价格。她这么优秀，如果能为自己的劳动正确定价，她早就实现财务自由了。

为了更好地生活，我们需要很多钱。例如，为了治疗一种慢性病，我们可能需要换一个更好的医疗环境；我们需要为孩子支付班级旅行的费用；我们需要增进夫妻感情，当初因为孩子太小，夫妻双方疏忽了对彼此的关怀，多年后的某个美好的周末，我们想找个酒店共度二人时光。

我想在此呼吁所有人，尤其是女性朋友们，请再斟酌一下自己的劳动价值：你为别人提供了什么价值，这种价值又值多少钱？如何将这种价值转化为收入？有许多女性尤为擅长的工作：比如日托中心和小学的工作，还有养老院的工作，这些工作如此重要，薪水却少得可怜。但是，如果你能将这些服务行业作为自己的事业，自己做老板，那么你的收入也是有很大上升空间的。

我这样呼吁的目的是希望你能明白：

杰出的工作值得高报酬。

我们应该思考，如何为劳动价值争取等价的回报，并且找到实现的路径。为什么我们已经在节俭生活了——估计我儿子们的空手道老师就是这么过日子的，可钱还是不够呢？我想这个问题已经很清楚了。我们只需要问问自己，当我们老了、生病了、遇到紧急情况了，手里的钱够不够用。

如果你能够做到反复问自己："我的价值是什么？如何才能让我的价值体现在工资上？"那么，你就已经开始关注劳动价值货币化的问题了。

能量守恒

我还想说一个有关伦理和道德的基础问题。有一种不良的社会现象，一些人通过夸大其词、虚假宣传的方式诱导客户，这些信息主要通过互联网传播。不久前，我看到一个例子，有人当着几百名听众的面询问一位站在讲台上的讲师，问他他给出的关于网络营销的建议是否符合数据保护政策。听完之后，这位讲师当即回答："我又不是法官，伦理道德不关我的事，我只负责让客户提高营业收入。"坐在观众席上的我当时就明白了，是否遵循社会规范，是否在通过不当的建议教唆客户侵犯消费者的隐私，这些对他来说根本无所谓。

我始终相信，凡事有因必有果。因果报应不一定发生在公司里，也不一定发生在经济层面，它可能在全然不同的层面发生。我坚信，欺骗、背叛、作弊、说谎、歪曲事实、蓄意伤害他人，或者以虚假的宣传手段诓骗别人买东西的人，最终会恶有恶报。我甚至认为，如果一个人发现自己受到了欺骗，那么这对他来说可能是一个严重的人生打击。尚没有大规模的科学研究数据可以证实这一点，这只是我根据自己在日常生活中的观察和个人信仰得出的结论。这是一个人赖以生存的伦理道德和价值观问题。

我在任何情况下都始终注意不给别人造成损害，尽最大可能为别人创造利益。我当然不是一个超人，我也会犯错，我也有弱点，但是至少我在尝试尽可能地靠近理想状态。我要做好工作，并且要以有益的方式做好工作，这对我来说意义重大。我认为，每个人都应该用这种理想状态引领自己。

我们经常反复问自己，我们如何才能做到行为良好、道德正确、充满意义、有益处地工作和生活？我们可以通过很多方法衡量和审视自己：可以通过他人对我们的评价，通过网络上的评论，或者干脆直接通过收入判断，收入也有一定的参考价值。当然，人们总是会在网上看到一两个对自己不利的评价，因为总有人会出于一些莫名的原因抹黑别人，很有可能是出于嫉妒，特别是匿名评论，我们有时是可以忽略这些的。但是，如果出现了大规模的负面评论，那就是出了问题。我们虽然不能通过收入水平衡量空手道教师的价值，但是网上有很多关于她的积极评价，另外大家也会口口相传地推荐她。我通过三个渠道：大家在网上对我的评论、我公司的营业收入，还有人们对我的推荐，都可以看到我自身的价值。如果一家企业的营业收入非常高，但是大家对它的评价却一直很差，那就说明一定是哪里出了问题。我们必须采取行动扭转人们的印象，重新树立企业的良好形象。

尽可能好地完成工作，
尽可能为别人
创造利益。

由此，我们便可以展开另一个话题，它经常会被那些想要快速致富的人忽略。它属于良好的财富行为的一部分，是一种需要培养的能力，它决定我们是否能够长期富裕。这个话题就是：节俭。

节俭与零负债

减少负债，增加积蓄。

本小节我们来聊聊节俭。如果你不喜欢“节俭”这个词，觉得它听起来有点儿老套，那么你也可以称其为理性消费，或者“先留足自己的钱，再付钱给别人”。其实，节俭也与降低负债有关系。节俭和降低负债其实是一件事情的两个方面：负债的产生往往是因为一个人不够节俭。如果平时不存钱，那么我们早晚会遇到需要用钱却没有钱的情况，此时我们就得借债。理想情况下，节俭和降低负债应该同时推进，它们不应该是相互排斥的关系。随着负债的减少，积蓄会有所增加。厉行节俭和降低负债都是培养良好财富行为的基础。因为，正如前文说的那样，如果不能证明我们能够良好地管理所拥有的财富，那么财富也不会在我们身边停留。我无法用科学的方法来证明这个观点，但是我在生活中能不断地观察到这种现象，而且我在自己的人生中也经历过这样的事。

我们在“锅子系统”中为储蓄留出了一个单独的账户，可以把每月净收入的10%、15%、20%、30%或者60%存进去。或许，你早就听过这样的话，“下次再涨工资我就开始存钱”，或者，“等房款付完了，我就能有些结余了”。在一个消费型社会里，买点儿自己喜欢的东西是很正常的。我们的整个社会经济体系都是以此为基础的。经济的增长从本质上说是由人们的消费决定的。只要钱够用，消费或者买东西就没问题。但是，我们的钱真的够用吗？如果要买一个更大的平板屏幕，钱够吗？如果要买一辆奥迪A6轿车，或者在毛里求斯度假三周，钱还够吗？为什么花钱？花多少钱？这不是一个容易回答的问题。

节俭的基本概念是简明易懂的：

节俭就是赚的要比花的多。我们把收入和支出的差额节省下来，做一些恰当的、有利可图的投资，将来某一天，投资收益可以支撑我们的生活。

也许你已经听说过"节俭主义"这个概念。它的核心内涵，就是我给大家的建议。首先，这是一个决定性的概念：节俭是财务自由的代名词。如果持续"不花钱"，长此以往，我们就能积攒下一笔很可观的财富，通过明智的再投资，我们还可以让这个数字变得更大。

请挖掘自己进一步节俭的潜力！

一个人如果优化了自己的支出，多存下收入的 1/3 或者 1/2，甚至更多，这些钱就可以为我们所用并产生收入。例如，定期账户里的钱会产生利息；如果购入了房产用于出租，我们就可以获得租金收入；我们作为股东获得公司分红收入，即参与企业的利润分配。最后一种情况在我看来与股票市场相近，是有可能获得较高收益的。随着时间的推移，这些额外的收入就会变成稳定的收入来源，可以覆盖我们的大部分甚至全部支出，这样，当我们老了，当我们不想再工作时，我们也能有足够的钱生活。

有一个简单的经验法则可以界定财务自由，那就是拥有 25 倍的年支出：如果一个人每个月需要支出 2 000 欧元，一年需要支出 2.4 万欧元，那么，拥有 60 万欧元用于储蓄和投资对他来说就是实现了财务自由。

这就产生了第一个问题：你可以存下多大比例的收入？关于这个问题的答案可能有许多种。如果现阶段你的钱总是处于刚刚够花的状态，那么你需要做出一些调整和改变，以便今后在任何情况下都可以有些盈余，你需要去挖掘自己进一步节俭的潜力。很显然，我们可以从过度的消费性购买（比如你已经有 4 个手提包了还想买第 5 个）着手，去实践一种极简主义的生活方式，也就是我刚刚讲过的“节俭主义”。我们可以考虑每年只买一件新衣服，大部分衣服可以缝补一下再穿，或者买一些二手衣物，也可以不买。

我们需要进一步培养自己的个性，这样才能做到更少消费、更多储蓄。很多不必要的消费，其实源于我们希望寻求一种满足，就好比我们做了好事希望得到夸奖，从而获得安全感和幸福感一样。但是基本上，所有这些感受都是短暂的，是深层满足的替代品，因此一定无法长久。只有源源不断地消费才能使我们维持这些感受。你肯定也对这种循环往复印象深刻，我们整个消费型社会就是这样被推动向前的。本书的下一章会探讨良好的财富个性，我将更具体地介绍如何摆脱这种恶性循环。

在这一章，我们先集中讨论什么是良好的财富行为。因为在行为层面，为了少花钱、多存钱，我们有很多事情可以做。

5 欧元存钱罐

某年在我们学院的年会上，一位学员对我讲，在听完我讲座之后的一年半时间里，他通过有意识积累，已经存了快 2 000 欧元了。他把平常生活中找零剩下的所有 5 欧元纸币都收集到一起，每天晚上将这些钱投入一个存钱罐。他的妻子也会时不时地往罐子里扔点儿零钱，十多岁的儿子也有样学样。后来，他们三个人一起去了银行，把罐子里的钱都存到了家里的储蓄账户上。然后，他把这些钱拿去投资。他十分幸运，在过去的 7 个月里获得了 20% 的收益，投资账户上的 2 000 欧元现在已经变成 2 400 欧元。

现在，你可以设想一下他的故事会如何发展，即便以后他的投资收益率可能没有这么高。他还会继续攒 5 欧元的纸币。此外，他会每月从工资收入中拿出 10% 存到储蓄账户中（一年下来会有 4 000 欧元），假设年化收益率为 15%，3 年后，他的资金总额将达到 18 700 欧元。如果继续把钱存在储蓄账户里，存款利率为零，那么三年后存款余额只有 14 400 欧元。他如果能坚持继续投资，几年后的资金总额情况可能如下：

○ 5 年后：约 3.4 万欧元
○ 10 年后：约 9.75 万欧元
○ 20 年后：近 48.5 万欧元
○ 25 年后：近 100 万欧元

现在我们可以很清楚地看到：通过年复一年的投资，数年后，我们就可以获得可观的收入，积累下很多钱，即便一开始投入的钱相对较少。

有意识消费

在 20 世纪初的西方世界，每个人平均拥有大约 400 件东西。时至今日，这个数字提高到了 1 万件。这是一个多大的数字！每次搬家，我们在把柜子清空之后才会意识到自己到底有多少东西。大大小小的打包纸箱可以塞满整个搬家车。有一个很棒的方法可以帮助我们更有意识地消费，帮助我们跟那些多余的物件断舍离，不让它们再占满我们的衣柜、梳妆台、置物架、房间、地下室和阁楼，那就是只保留我们会继续使用的东西，扔掉其他多余的、即使拥有也不会再使用的东西。这样一来，我们的生活会如何呢？

电子设备、衣物、食品、化妆品、书籍、家居摆设这些东西，大部分都属于阶段性需要，然后，它们就会被我们扔在一堆没用的东西中，实际上跟垃圾没有任何区别。垃圾不仅污染环境，也需要人花精力处理，还可能会被扔在它们原本不该出现的地方。绿色和平组织的一份研究报告显示，德国人平均每年每人会购买60件新衣服。如果我们能做到只买自己确实需要、经常需要或者可以消耗的东西，比如食品，并且能够延长物品的使用周期，我们就是在美化环境、节约资源，这当然也能为我们节约很大一笔钱。

当产生购物欲望的时候，我们需要思考的最重要的一个问题就是：这个东西真是必要的吗？我们确实需要它吗？如果不需要就千万别买。此处重点强调。如果你觉得这个问题有时不太好回答，那就换一种方式问自己：我是否买过类似的东西？它是否可以替代这个东西？也可以问：如果买了这个东西，我们会经常使用它吗？比如女士的晚礼服，一年也就聚会的时候穿那么一两次，我们完全可以选择租借。很多时候，当想到买了某件东西之后还得放在家里占地方，我们的购物欲望就会瞬间消失。

实际上，有很多种方式可以替代购买，只是因为我们已经习惯了买新东西，所以全然没有意识到还有其他选择。坚持用现有的东西，这是降低消费的最简单的选择。如果什么东西坏了，我们就修一下，租借、共享、购买二手物品，这些都是替代消费的方法。如今，像易贝这样的二手商品交易平台为我们提供了一个舒适、良好的备选方案，我们不

> 不需要的东西，
> 千万不要买。

用总是花很多钱去买新东西。在易贝上，我们既可以是买家也可以是卖家，既能省下一大笔钱，也能赚上一大笔钱。

另外一个降低消费的好办法是，少给自己购物的机会。如果我们不再到市中心的商店那些诱人的橱窗前转悠，或者根本不点开陈列新货品的购物网页，那么我们产生消费需求的机会就会少很多。另外，每次想买东西的时候，让自己多考虑24小时也有帮助。在绝大多数情况下，当购物欲望被延迟满足时，它们会迅速消退，就如同人们对甜食的渴望一样，总是来得快去得也快。

每个人都可以寻找适合自己的策略，降低消费，减少购物，这样会让人感觉钱一下子多了起来。我们可以逐月把钱存在用于储蓄的“锅子”里，即便有人之前认为自己可能一分钱都存不下来。

最后，我还想提出一个观点，它或许可以帮助我们在未来用另一种视角来审视消费行为：我们在生活中拥有的所有东西都需要占用我们的注意力，耗费我们的精力。譬如，你买了车，那么当加油、洗车、保养、维护的时候，你就得在一边等着，你还得在车险和税务上花心思。其他所有物质的东西都一样。你需要维护它们，给予它们一定的关注。

我们买了一些东西，用了它们几次，然后它们就沉没在我们的生活里。你是否也体会过那种反复出现的感觉？没错，就是内疚感。我们花钱买了东西之后就会想，买的东西就必须用，否则我们把钱存下来多好。我认识的一些富裕的人，他们都把自己困在“仓鼠轮”上了。他们买了帆船、摩托艇、飞机，此外还收藏跑车之类的东西。我们千万不要让自己陷入这种境地，我们需要时刻保持理智。

警惕那些由不必要的东西组成的“仓鼠轮”！

所得之物也是负担。通常每买一件物质的东西，我们就需要为它付出精力。

关注收益

但是，我们需要明白，光靠节俭是不够的。厉行节俭只是财富积累的途径之一。节俭本身不能让我们幸福。我们不是不能放弃更好的治疗，但是，当我们知道某种疗法就是比普通疗法更有效的时候，我们的内心深处可能会非常痛苦。我们也可以去自助洗衣店洗衣服，但这么做费时费力不说，那里的环境也让人沮丧。

在节俭的同时我们也需要关注投入产出的回报比。还记得我之前讲过的那位空手道教师吗？她出色地完成了工作，也贡献了意义和价值。但是，她忘记为自己向他人提供的价值争取应得的回报。每个人都可能在一些情况下忽略劳动价值货币化的可能性，而我能做的就是经常奔走呼吁，请大家关注自己的收益。我不知道我儿子们的空手道老师是不是已经实现了财务自由。按照她的收入水平，她应该无法做到有所结余，你之前了解的“锅子系统”，她根本没有办法实施。

收益与自雇人士和雇员都有关系。有些人对自己能够维持日常生计感到高兴，不愿意去考虑以后的事情，因为这样会让他们感觉自己被生活捆住了手脚。每 4 个自雇人士或者自由职业者中就有一个人没有充足的个人养老金储备，并且他们中也鲜少有人为了能拥有更好的养老保障而去做一些投资。根据邮政银行的调查分析[1]，大约一半的自

---

1 详见 https://www.handwerksblatt.de/themen-specials/altersvorsorge-was-sich-fuer-handwerker-lohnt/vielen-selbststaendigen-droht-altersarmut（2020 年 2 月 17 日检索）。

雇人士和自由职业者没有扩充个人养老储备金的打算，仅有 1/5 的人表示有扩充计划，其余的人仍没有想好怎么做。

因此，光靠生活节俭，靠用仅有的很少的钱来维持生活是行不通的。生活节俭是好的，但是，对大多数人来说，现在节俭也不能保证我们未来有足够的钱生活。我们必须采取其他行动。我们需要钱，足够的钱。在当今社会中，要是没有大量的资金，我们恐怕寸步难行。我们生活在经济社会中，这种社会体系为我们带来了高品质、富裕的生活。只要在这个社会中生存，想要好好地生活，我们就必须接受钱在其中起到的重要作用。

光靠节俭生活是不够的，我们必须有其他的行动。

但是如果我们在劳动价值货币化方面没有足够的选择空间，某些原因又导致我们只能去借钱，为了还债我们没法存下钱，那么在这种情况下，我们又该怎么办？虽然这个话题很艰难，大家也不爱谈论，但是，鉴于负债给许多人带来了巨大的负担，我们必须直面有关负债的话题。

避免负债

在开始谈负债的话题之前，我想先向大家介绍一些基本原则，关于我们如何管理负债，应该做什么，不要做什么，以及什么是有意义的。很多事实都已经证明：在我们的社会中，几乎所有人对负债都存在错误的认识。经常有人反复对我说，这个世界上存在“聪明的债务”。我认为这种说法是不对的。

几乎所有人买的车都过于贵了。

因此，我的第一条原则是：

永远不要使自己陷入高消费型负债！

这是一条十分简单的原则：如果你想买苹果手机，但是没有钱，那就别买。或者，你想去马尔代夫度假，两人两周预计需要花费大约1.5万欧元。如果你的存款账户里没有这么多钱，你也不想卖掉任何东西，那就不要去马尔代夫。非常简单。如果你还是觉得不够简单，那就问问自己，去马尔代夫度假对你来说意味着什么。也许它对你来说并不是愿望清单上必须完成的一项，而是你希望可以借此机会休息和恢复一下，那么，一个"桑拿日"也能帮助你恢复身心。你也可以选择去森林里长距离徒步，这么做也许效果会更好，说不定可以释放你的全部压力，而且你不用经受长途飞行和时差之苦。总之，永远不要陷入消费型负债！

第二条原则跟买车有关，我前面已经提到：

买车的费用最高不宜超过月收入的两倍。

看到这里，车辆价格超过月收入两倍的那些人是不是可以考虑把车卖掉？几乎没有人真正需要他现在拥有的那辆车，大家买的车都太贵了。就像我，我的存款算多的，我也喜欢车，但是我只开了一辆很小的轿车。永远不要让买车成为你负债的理由。如今我们通过共享汽车也可以很舒适地在城市间游走，骑自行车、乘公交车或者打出租车，都可以帮助你降低出行费用。如果我们手头刚好资金紧张，这些出行方式就有助于避免负债。

我的下一条原则是关于不动产的。人们经常说，德国人爱不动产就像爱亲儿子一样。在此，我给出一条关于购买不动产的建议：

如果你的自有资金比例不足房屋交易价格与相关费用总和的30%，你就不要购房了。

自有房产是纯粹的奢侈性消费，我们不应该为此背负大量债务，为自己增加负累。我们家也只是在7年前才搬进属于自己的房子，之前一直都租房住。

我为何不惜一切代价避免负债？难道借债不是帮我们渡过难关的好办法吗？不，负债创造奴隶。正在负债的人肯定知道我说的是什么意思。我体会过这种痛苦，因为我之前借过债，我父母开公司的时候也借过债。债务带走了我们的一切，真的是一切。人们会因为债务而生病。债务是绝对的灾难，因为它让人失去自由。债务会让我们感觉自己很穷，让我们滋生一种无力感，这对我们来说杀伤力巨大。我们的财富行为和我们相信自己会变得富裕的信念都会因此受到很大的伤害。

负债创造奴隶。

七步降低负债

如果已经有了负债，我们应该怎么办？我们必须勇敢面对，而不是像大部分人那样，把头埋进沙子里，自欺欺人。如果已经有了负债，那就必须立即着手积极地管理债务。这里，我特意用了“必须”这个词，是为了明确主动降低负债的重要性，而不是寄希望于以后找个更好的时机再这样做。我的建议如下：

第一步：请写下来你目前有哪些负债。标注每笔负债的金额和产生原因。例如：“一、欠万得城700欧元；二、欠汽车修理厂400欧元；三、欠信用卡中心 950 多欧元。”这是你迈向无债人生的第一步。你已经完成了，对吧？也没有那么糟糕，对吗？

第二步：你需要考虑如何偿还这些债务。为此，你首先需要弄清楚每月的最低还款额是多少。翻一下购物单据就能知道。比如：“万得城每月最低还款 50 欧元，汽车修理厂 40 欧元，信用卡 75 欧元。”

第三步：现在请再算一下你需要多少个月才能还清这些债务。就是用欠款总额除以每月还款额，比如还清万得城的欠款需要 14 个月。

现在，你已经对自己的负债情况有一个比较现实的把握了，你了解自己一共需要还多少钱，需要还多长时间。也许是因为已经实际审视了沉重的债务负担，你关于债务的不切实际的想象应该减少了一些。

第四步：想想你到底有多少钱可以用于还债。我们将采取与大部分负债人士全然相反的处理方式，乍一听这可能很奇怪。大部分人都只会关注我必须还多少钱。我不建议你这样做，因为这代表一种穷人思维，我们要采取富人会采取的行动。我们来制订一个计划，将可自由支配资金的 50% 用于储蓄，50% 用于清偿债务。

现在你也许会说：“但是菲利普，我必须先还债呀！”

是的，你是得还债，但是你不能只还债。你只能用一半的钱去还债，剩下那一半，你需要马上用它去致富。现在你可能想说：“该死的，那我的钱不够，我需要多于 50% 的钱去还款。”在这种情况下，你该怎么办？歇斯底里、自我麻痹、依赖精神类药物、喝酒还是暴饮暴食？依我看都没有用。我们需要着手协商。

第五步：制订计划之后就来到了第五步。你需要找到你的债权方，与其协商你能承受的还款方案。如果你只欠了万得城 300 欧元，类似入门级标准信用额度，那就没必要谈了。但是，如果是一笔大额负债，你就应该知道自己有很大的空间可以谈判。到底如何协商负债？

很简单。致电你的债权方，然后这样说："我知道，我在你处有2.5万欧元待偿还，但是我目前的偿还能力有限。"然后，你一句话都不要多说，这种时刻沉默是金。我向你保证，电话那头一定会给你提供一个新的还款方案。谁沉默的时间长，谁就赢了。在做买卖的时候这也是一个重要的技巧：报价，然后闭嘴。

做买卖也是一样的道理：谁沉默的时间长，谁就赢了。

我们再回到降低负债的主题上。电话那头一定会说点儿什么，这样的话，你就已经赢下一城，你在情感层面争取到了对方。你可以换位思考一下：在大多数情况下，欠钱的人是不会主动找上门来的。通常是债权人打电话催债，而债务人不接电话，玩儿失踪。有时候债务人还可能直接换电话号码。欠钱的人总爱把自己藏起来，因为害怕，也因为感到羞愧。

但是，你并没有这样做，你采取了不同寻常的举动，主动给对方打了电话，并实话实说："我在你处有欠债。我向你保证，我会还清的。但是，我需要一些时间，眼下我没有办法很快还清。"对方会认为你愿意承担责任，也会感觉到你对这件事情很重视。

你绝不能只是口头说说，你必须很认真。在协商出一个你可以接受的还款方案后，你要坚持执行。

第六步：按照协商后的方案还款。与此同时，你要把另外50%的钱存下来。对于实际用于偿还债务的部分，我只想说一句：如果你不还债，那么早晚有一天债务还会找上门。所以，请偿还每一分钱，每一分。此处重点强调。

第七步：在还完全部债务的那一天，你会感觉如释重负，终于可以喘口气了。你可以庆祝一下，虽然不一定要花很多钱。无债一身轻，这绝对是一个值得庆祝的理由。

越借钱越痛苦

最后，我还想占用一些篇幅谈一谈别人向我们借钱的情况。虽然我也曾经急需用钱，我也有过很艰难的时候，但在这个问题上我的观点很明确：不要借钱给别人。

很多年以前，当时，我父母的公司有很多负债。确实每家公司都可能出现这种情况。这给我们全家带来了很沉重的负担，或者让我们一家饱受煎熬。我想改变这种状况，于是，我找到当时的导师松克先生，我想向他借一笔6位数的现款。他是怎么答复我的呢？

> 虽然很难做到，但是不要借钱给别人！

“菲利普，你恐怕从我这儿拿不到一分钱。你知道，借给你这些钱对我来说很轻松。但是，我不想延长你的痛苦。我知道欠债的感觉有多煎熬。如果我不借给你钱，你就会被迫自己想办法还钱。在这种情况下，我帮你其实是在害你，你要相信我。”

他的话当时我一句都不相信。我被无法自控的愤怒和绝望淹没了。但是，我又能做什么呢？他就是不借给我。

后来，我父母通过自己的努力还清了债务。那时的我也明白了，松克导师说的话是有道理的，虽然我心里仍旧感觉很苦涩。时至今日，我的态度是：借给别人钱就意味着帮他延长痛苦。我建议你不要这样做。这听起来很艰难，实际上也确实很艰难。必须眼看着别人饱受煎熬，这对每个人来说都不容易。这里的“别人”有可能是你的男朋友、女朋友，也可能是你的亲属。但是，不要动摇，不要借给他们钱。这就是我的建议。如果你一定要帮助他们，就直接把钱送给他们吧，不要让他们偿还。

当我们已经实践了良好的财富行为之后，我们就具备了培养良好财富个性的基础。下一章讲述财富个性的养成。在了解了基本原则之后，我们来探讨一些相对个性化的内容。

3 打造良好的财富个性：为什么中彩票的百万富翁大多数守不住奖金？

先培养个性，再培养财富

“先培养个性，再培养财富。”这个观点不但会统领本章，而且会贯穿全书。它是我写这本书的首要缘由。以下所有问题都可归于财富这个话题：我如何赚钱？赚多少钱？我如何花钱、存钱和投资？我又该在这些方面各投入多少？我期待的投资收益是多少？我跟财富的关系如何？我如何认识和谈论财富？我对财富这个问题有怎样的情绪和感受？我们没有办法做到立足于这些问题之外去审视财富。

致富的诸多障碍

多年来，我一直在努力向人们讲述如何通过培养自己的财富习惯变得富裕。然而，我会经常看到一些学员没有做到学以致用。他们一次都没有应用过“锅子系统”。当我在每周的研讨会上询问，有谁亲身体验了“锅子系统”的时候，很多人都选择沉默，也有人会嘟嘟囔囔地说，“我一直都没有时间”或者“我会体验的”。体验“锅子系统”并非什么难事，投入小且完全无风险。我想顺便问一句：你体验过吗？

你体验过“锅子系统”吗？

这种实践困难乍一看是不可理解的。但是，如果我们看向更深的层次，就会发现它源于内在的阻碍。

为什么会有那么多人非常强烈地抗拒致富这个问题？根据我的观察，这种抗拒是毫无根据的、负面的甚至经常是适得其反的感受，以及财富不友好型的内在价值取向等因素综合作用的结果。我们需要由一种对养老问题的理性焦虑来引导，以便能更好地为养老做财富方面的准备。然而，现实情况却无法让人满意。很多人干脆想把这种焦虑以及整个养老话题隐藏起来或者压下来。很多人至今仍无法与财富建立良好的关系，因此，他们也不想探讨相关话题。抗拒心理也有可能源于有局限性的信念，例如“我没有机会”或者“好运气从来不会降临在我身上”。抗拒可能是因为之前有不好的经历（“我投资股票的时候赔了钱”），也可能是因为反感（“钱是肮脏的”），或者因为不良习惯（“我有点儿钱就得花出去”）。

很多人都会把财富与幸福联系在一起，一些没有足够财富的人会认为自己的现状是不幸的。阻碍这些人感受幸福的原因现在已经清楚了——没有建立良好的财富个性。诸多研究已经证实，财富只能带来有限的幸福。来自牛津大学的英国社会心理学家迈克尔·阿盖勒发现，拥有超过1.25亿美元资产的100位受访富豪，有67人觉得自己幸福；在100位平均收入水平的受访者中，有62人表示自己幸福。这就说明，富人的幸福感只比普通人高一点点。

财富只能带来有限的幸福。

幸福与财富之间的关系并非线性的：多赚5倍的钱不等于能多感受5倍的幸福。美国心理学家菲利普·布里克曼、丹·科茨和罗尼·詹诺夫–布尔曼的一项研究结果现已多次得到证实：22个彩票中奖者在获得奖金一年后，幸福感并没有比对照组的22个未中奖者更高。这就是所谓的"享乐适应"现象：无论是获得了成功还是遭受了命运的打击，幸福感都会在一段时间之后恢复到常规水平。与财富有关的消极或积极的认知都是一种投射，反映的是我们如何看待财富、如何感知财富，而金钱本身是中性的。

钱当然重要。

另外，我们也不要低估金钱的重要性。我时常听人说，"钱不重要"，"反正钱也不能带来幸福"。但是，对穷人或者负债一族来说，事情看起来会与刚刚引用的关于幸福与金钱之间关系的研究有所不同。钱当然是重要的。在某种程度上，如果想好好生活，我们就是需要足够的钱，否则我们就没有那么幸福。如果钱真的不重要，那么大部分人也就不用每天为钱工作8~12小时了。

乍一看，这不是跟我之前提出的观点自相矛盾吗？前面不是还说，我们不应该把金钱与幸福直接联系在一起吗？不是越有钱越幸福的啊。但是，如果没有物质上的富足，人们就会总想着缺钱的事，这样一来，事情就完全可以理解了。人类总是倾向于关注匮乏，并且为此担忧：我拿什么钱付房租？我怎么养孩子，怎么修汽车？某些言论，诸如“钱不重要”，不过是为我们自己的行为辩护的借口。没钱的时候我们应该做两件事情，一是接受现实；二是想着多赚钱，以改变现状。

好的财富个性是富裕的前提。关于这一点，我们看看那些忽然变富的人的例子就清楚了。一位知名专业足球运动员，早年间的生活完全被足球占据，忽略了财富个性的培养，后来，他一次性收入 500 万欧元。我与这名运动员私下也认识。他那时候还没有与财富建立起良好的互动关系。在很短的时间内，他就把所有钱都花在了没用的东西上：买房子、买车、开派对。很快，他就和中了彩票大奖的那些人一样，将财富挥霍一空。他的财富个性还无法与他突然取得的财富相匹配。

但是，仅靠个性也是不够的，人们还必须知道如何正确地赚钱。其实我早就可以写一本书，叫《每年收益 20%》或者类似的书名。但是我不想写，因为这件事没有办法在一本书中写明白，赚钱是需要有规律地训练的。不过，这是第二步，也是相对容易的步骤。第一步，我们还是要先培养财富个性。

财富个性有两个培养方向，两个都可行：一是由内向外，二是由外向内。由内向外是指，我们可以从改变内心的想法和情绪入手，进而带动行为上的改变。这种自我培养的方式其实并不容易。如前所述，我们每天都会产生数以万计的想法和情绪，其中有令人难以置信的比例——90% 是发生在潜意识里的。有意识地控制思想是极其困难的，成功的希望渺茫。在这个过程中，自律和意志力的作用被明显高估了。同样困难的是借由意志力和有意识地控制直接改变一个人的情绪。

> 自律和意志力的作用被高估了。

在本书一开始我就提到，我在撰写本书的过程中得到了乌尔丽克·谢尔曼女士的帮助，她是一名个性培养领域的专家。她用自己心理学方面的经验和知识丰富了我的观点。她从事方法研究，即通过现代化的心理学手段，在潜意识里将财富可能触发的，包括恼火、嫉妒、愤怒或贪婪在内的负面情绪进行消解，让财富不再触发这些情绪。这听起来比有意识地控制思想更有望获得成功。具体怎么操作，后面会有更多介绍，到时候我们会知道，如何找到阻碍致富的罪魁祸首，以及如何消除这些障碍。

另一个个性培养的方向是始于外部，即始于行为的：你去捐赠，诚实缴税，尝试与财富建立良好的互动关系，在评论财富的时候站在积极的立场。请看一下这时会发生什么？当这样行事的时候，你的想法和情绪会随之发生改变。这就跟微笑是一个道理：经常微笑的人，他体内的生物化学反应也会跟着改变。

但是，我刚刚说的不包括绝对的乐观。因为过于乐观的思考方式对人并没有益处，至少对我来说是这样的。我有这方面的经历。早晨闹钟响了，我很烦，因为我后背疼，我想："好惨，后背疼还得起床。"但是随后，我突然想到："不行，我得积极地思考问题。好耶，新的一天就这样开始啦……"非要这样做的话，我们岂不是如同失去了理智？一味忽视出现在我们头脑中的想法，持续否定和抑制自我感知，这样做是会让人生病的。当一个人不重视自己的感受，忽视身体发出的疾病信号，不去就医，还尝试哄骗自己"你是健康的，你是幸福的，你没问题"时，这甚至可以用危险来形容。

财富舒适圈

让我们认真看一下，到底是什么阻碍了我们致富的脚步。很多人十分抗拒离开自己的舒适圈。为什么人们明明想改变某种状态，却迟迟无法脱离这种状态？我想原因很简单且很容易理解。离开舒适圈之后人们会感到不安。必须去做自己不敢做的事情会让人感到有压力。但是，在舒适圈里就不一样了，一切事情都会变得很容易，因为周围都是常规的、熟悉的事物。在舒适圈里，很多事情可以自动完成，因为我们对它们有需要，而它们也能够满足我们的需要，比如吃饭、喝水、睡觉。另外，舒适圈里的事情都是我们在人生中已经习得的，因此，我们也可以做得很好。

我举一个会计的例子来说明。有一位会计，他每天都要记账。他学过这个，因此，他做得很好。他做会计是因为他喜欢这个工作。如果你问对他来说最好的事情是什么？他会不假思索地回答："所有账目都对。"为什么？因为此时他处在自己的舒适圈里。如果账目乱了会发生什么？他的面部表情会变得有点儿奇怪，因为他清楚地知道自己已经徘徊在舒适圈的边缘了。他意识到，单靠自己没有办法补救账目上的错误。他必须给他经手账目的所属企业的管理人员打电话。这无论如何都不是他喜欢的事情，他喜欢一个人安静地工作。如果还想待在舒适圈里，他就不会打这个电话。账目错了就错了吧。但是，如果他打了这个电话，那就意味着他脱离了舒适圈。他迈出了这一步，也就获得了成长。

> 离开舒适圈的人，在迈出一步之时便获得了成长。

关于财富，我们也有舒适圈，那就是我们个人财富的常规状态。对负债的人来说，舒适圈是他已经习惯的负债水平。有的人无论有多少钱可用，他的信用卡账户上总是保持至少 3 000 欧元的负债。有的人甚至常年保持 3 万欧元的负债。而对有的人来说，不欠钱也没存款才是舒适的，就比如安娜，我在介绍“锅子系统”的时候提到的那个女孩，她从一开始就没有任何债务，但是到了月底，她也没有一分钱存款。

财务舒适圈

你的财务舒适圈在哪里？你可以问自己几个问题：

- ○ 什么属于我的财务舒适圈？
- ○ 到目前为止，在财富的问题上，哪些事情是我感到舒适和正常的？
- ○ 我还可以向哪里延伸？（稍后会详细介绍）

你最好用笔记下来。

当你认识到自己的舒适圈在哪里时，你就可以着手扩大它。第一步对你来说也许有些难理解，那就是想要扩大舒适圈，首先要接受当下的状态，认可自己现在过得挺好。这是关键的转折点！不要把所有好事都寄希望于未来，那样的话，未来永远都不会到达。此时此刻，我们就已经很好了。只有这样，才能继续前进。重复一遍：

扩大舒适圈意味着首先要接受现状。

你是否在等着我建议你为自己设立一个很大数目的年度目标？财富研讨会上经常会出现这样的情况，估计你之前也参加过。在研讨会上，他们会让你为自己制订一个计划，关于如何实现财务自由。你如果写下："5 年内拥有 100 万欧元。""哥们儿，"邻座的人瞄了一眼你纸上的数字说，"定一个拿得出手的目标吧，300 万欧元、500 万欧元都行。100 万欧元太少了，少于 100 万欧元基本上就等于破产了。慕尼黑的住宅啊，度假用的海景房啊，里尔喷气飞机啊，到时候这些都是必须有的。”

好的，于是你就又在纸条上多写了一个零，100 万欧元秒变为 1 000 万欧元。回家的路上，你感觉自己斗志昂扬、精神抖擞。30 天后，你再看看自己的账户余额，这时会发生什么？什么都不会发生。因为这种研讨会根本就是骗局，甚至是危险的骗局。从前，你只是没有目标，生活中的其他部分都还是正常的。但是听完研讨会之后，你被激励得过头了，像吃错了药。这种激励都是外源性的，它不能为你带来任何东西。这种研讨会告诉学员只需要参加研讨会就能变富。这不可能，事情必然不是这样的。

首先要认清现状。

首先，你必须认清现状。如果你还处在财富积累的初级阶段，没关系，这就挺好的。不要让自己的幸福完全取决于账户上的余额。如果你已经有负债了，那也没关系，我们学会接受现状就可以了。你仍然是一个有价值的人。一旦接受了现状，能与现状共处，我们的内心就成熟到了可以让周遭“变得更更好”的程度。注意到了吗？我没有用“变得更好”，而是用了“变得更更好”。

在这一点上，你一个月赚 3 000 欧元还是 3 万欧元并没有什么区别。完全没有。今天我们在财富这条路上所处的位置就是我们应该的位置。时至今日，我们对财富具备了一定的理解，这种理解与行为模式、语言、情绪和感觉都有关系，正是这种对财富的理解将我们带到了我们所处的财富阶段。这是一个极其重要的认知，但是，根据我的经验，大部分人都拒绝承认和接受这一点。我在演讲中，在课堂上，在采访时，听到过太多的理由，人们总想解释为什么一个人没有处在他本该处在的位置上。“好吧，菲利普，诚实地说，我觉得你是运气好。你出生在一个开公司的家庭。你小时候就已经在玩《大富翁》游戏了。”“你是男的，我是女的呀。”“我岁数太大了，没时间等着复利计息了。”“我太年轻了，我还没有可用于投资的资产。”“我不会算账。”“我太笨了。”“我的老板不给我涨工资。”“顾客不买我的东西。”“我的部门主管总是欺负我，她老公在家经常惹她生气，然后她就拿我撒气。”

于是我想：“如果这是原因，那就去改变它，不要把它当作赖在舒适圈的借口！”如果想扩大舒适圈，那么即使你感到恐惧也要向前走一步。浮出水面的问题往往会很激烈。它们绝对不是靠豪言壮语，类似“只要你想，一切都会实现”这样的空话就能被解决的。人们就爱听这种话，可能是因为它满足了我们天真的期待，我们总是希望心想事成。但是，人生不是这样的。这也是一种幸运，否则我们将不再有任何努力的理由，我们会原地静止。

只靠豪言壮语无法实现进一步的发展。

我的一个学员就有一个前进隐忧，她清楚地知道这已经阻碍她培养自己的财富个性了。有一次，在研讨会课间休息的时候，她走到我面前对我说：“菲利普，我不能有钱，也不能变成富人。”

我听到她声音中的颤抖。

“这是为什么？”

“如果我太富有了，我的孩子们会被绑架的。”

我眼看着她的眼泪在眼眶里打转。

之后，我们又聊了一会儿。她一次又一次在电视里看到有钱人家的孩子被绑架，其他国家发生这种犯罪行为的概率比德国还要高一些。她由此产生了这种观念。抱有这种观念的人怎么可能会变得富裕呢？当人们把变富裕和孩子被绑架联系到一起时，肯定没人想变富裕了。

这样是不行的。她必须首先消除这种恐惧，否则就无法致富。做到这一点之后，她便突然间远远跳出了自己的舒适圈，开始处理人们通常不想处理的、关乎生存的问题。认为有人会绑架自己的孩子，这样的想法会触发无法想象的恐惧。我们能用豪言壮语来调节这种恐惧吗？

所以，一切有关致富的事情都与财富个性有关。良好的财富个性是致富的前提。忘了那些百万富翁研讨会吧。光学股票投资策略也是不够的。作为独特的个体，你首先要成熟起来，并准备好靠自己去赚钱。这意味着你能够理解并内化“我自己可以变得富有”这个信念，并且能够始终秉持这种信念去生活。然后，其他的事情才有可能实现。否则，一切都是虚无的。这听起来很容易，实际做起来却并不容易。

成熟的财富个性缺位是不行的。

让我们更具体地看一下，在形成良好财富个性的道路上有哪些障碍和局限性观念在制约我们，又有哪些方法、正确的行为和认知可以帮助我们。

学生准备好了，老师自然就来了

每个月，我和我的团队在研讨会上都会经历类似的情形。其中有一次我印象特别深刻。在前排右侧靠窗户的位置，一个年轻学员和一个年长学员并排坐在一起。年轻学员估计有 27 岁，身穿运动服，个性安静，他聚精会神地听着讲座，但是从不参与发言。坐在他旁边的年长学员，年纪应该在 65 岁左右，看起来在财务上已经处于非常自如的状态了，但是，我感觉他心里也有诸多担忧。在那次课堂上，我介绍了一些关于复利效应的内容，包括复利在叠加了时间因素之后可以释放出巨大的效用。然后，我发现那位年轻学员看起来心花怒放。他随意地向后靠在椅背上，我猜，他的想法大概与很多跟他年龄相仿的学员在听到复利效应这个话题时的想法没什么两样。于是，我直接问他在想什么，而他的回答果然不出我所料：

“我在这件事情上有一个超级优势，我还年轻，”他说，“我有大把的时间等待复利效应在我身上起作用。”

听到他说这话，旁边年长的学员彻底受到了刺激。他看了一眼这个年轻人，好像开玩笑，同时语气中又仿佛带着强烈的同情心：“年轻就是好，有大把的时间。但是可惜了，你现在没有钱，拿什么去投资呢？”

这个例子略有些极端，但也很常见。我们总是把自己的成功和失败归于其他外部因素，却从不愿意在自己的责任范围内寻找原因，这不是经常发生的情况吗？这个年轻学员当然可以很轻松地说：“我能从复利效应中获利。”如果他是从这个角度去看待问题的，他其实就是把个人致富全部寄托在“年龄”这个外部因素上，然后自己原地歇着。这对他来说是很危险的。因为这种思路会导致他收入中用于储蓄的比例过低，他会更倾向于把钱花在为新公寓置办时尚的家居摆设，或者购买新车上。最终，他会错失致富的机会。人们很快就可以挥霍掉上万欧元，正如我在研讨会上讲的那样，他们也会因此失去良好的利用复利效应的机会。

那个上了年纪的学员可能会绝望、生气或者大声抱怨，自己已经65岁了，岁数太大了，光靠存款的利息实现复利已经不能有太多收益了。“如果现在我手头上有些钱可以用来投资，但过不了多久我生活上又需要用这些钱，那么我还会有可观的投资收益吗？太烦了！早点儿起步就好了。现在才开始，我一定赚不了太多钱，干脆把钱花掉算了。”

这个年长学员说的话的确反映了现实情况：他确实没有那么多时

间了，复利效应在他身上体现不出像他邻座的年轻学员那么大的效果。但是，他手里却有很多钱可以用于致富投资。

我们年纪太大或者太小，我们是男是女，我们的家庭情况如何，我们的教育水平如何，老板对我们是否公平，我们是否会用计算机和现代软件，或者我们的客户有没有潜力……关于这些问题，我已经说过我的观点："我坚信，每个人的境遇都是个人信仰、情绪和行为方式共同作用的结果。"我这样说不是想丑化谁，也不是想责怪谁，而是想表达一种认知。每个人都必须对自己今时今日所处的境遇负责。若不再抱怨无法改变的现状，我们就不会感觉自己是无辜的受害者。我们可以培养一种不同的态度，让自己既能够接受当下的现实，也能够继续前进。我们可以去找寻新的可能性，这样即便是在逆境中，我们也可以砥砺前行。

但是，我们也不必把现实中的不顺利过度地归咎于自己。为什么我们今天的生活是这个样子？这可能是很多原因造成的。当我们富裕的时候，还有一些人处在贫穷之中，他们也是有原因的。可能是家庭背景的原因，也可能是特定环境的原因——比如在一个财富不友好型的环境中，人们把钱视为肮脏的、不好的东西，也可能是家庭传统的原因或运气的原因——不是所有事情的好坏都取决于这件事情本身。重要的是人们如何面对这些原因，如何面对这些幸运或者不幸的情况。

千万不要认为自己是个受害者。

我们不能因为存在上面提到的这些原因就缴械投降，因为那意味着我们把自己生活境遇的责任推卸给了他人。这是孩子才会有的思考和行为方式："妈妈，我之所以回家这么晚要怪皮特，他还想让我……"在这个简单的例子里，妈妈会说："宝贝，下次要看一下你漂亮的新手表，按照我们约定好的时间回家。"在谈到财富话题时，事情往往会更复杂一些。假如一个人在一个认为钱是“不洁之物”的家庭环境中长大，整个家庭都认可一种观念：富人都爱炫耀，我们可不要变成他们那样的人。由于这个家庭里的人都是这种心态，他在幼年时期受到环境影响，也会将这样的观点内化于心。对他来说，改变这种心态，接受其他观念哪会那么容易。但是，这也不是说他完全不可能成功。

“如果时光不是你的朋友，那么它就是你的老师。”乌尔丽克·谢尔曼在她的著作《内心自由》和《照顾自己》中写道。“把时光和经历当作老师”正是我想表达的观点。如果有人能够做到用这种眼光看待境遇，那么，他在可能性和机遇方面就拥有巨大的潜力，即使一开始他可能有些不适应。一旦我们接受并全然认可当下的状态，命运就会更多地被掌控在我们自己的手中，比我们原本认为的还要多。这时，对的人和对的机会就会出现在我们的生命中——我们也能够觉察到好运的到来。境况、机遇、结果和人，这些都可以成为我们的老师，一切都会在适当的时候出现，即使带给我们的并不总是愉悦。在这种心态的影响下，我们可以做到将不适和不快的境遇视为发展的驱动因素。关键是我们要准备好去善用这些驱动因素。一旦做好准备，我们就会继续前进。

> 我们经历的一切事情都是我们的老师。

学生准备好了，老师自然就来了。

找到阻碍致富的问题并解决它们

一开始，这些广泛存在的驱动因素可能会非常严重地阻碍我们。这种情况很麻烦，否则，我们也就不用特意学习如何处理了。一个人，治标不治本是不行的。

如果他的头脑中有这样的执念，“幸运之神从来不会眷顾我”，那么，就算他从现在开始每天说“我想做的事情都能成功”，这种执念也不会轻易消失。我知道，这种执念是根深蒂固的，它在我们成长的过程中形成，时至今日仍然对我们产生影响。但是，也有方法能够持续地从根本上消除这种观念上的阻碍，让我们能够更加自由地去做自己想做的事情。尤其是今天，我们可以学习并掌握有效的方法和手段，它们的效果是明显且具有持续性的。其中的一个方法叫“语言中和”，是乌尔丽克在她的心理学工作中使用的，你可以了解一下。我在使用这个方法时有良好的体验，并且也从很多人那里得知它十分有效。乌尔丽克在她的教练计划、研讨会和继续教育培训中都在使用“语言中和”的方法。此处，我想将这个方法作为一个例子，以说明改变是有可能快速、持续且非常有效地发生的。乌尔丽克是这样介绍“语言中和”的：

你会注意到“语言中和”方法的起点，与需要处理或者治疗的症状是显性症状的情况不同。在大多数情况下，训练和治疗是为了应对显性症状，例如治疗头痛。你头痛过吧？为了让疼痛症状消失，你会吃一粒止痛片，然后，症状暂时消失了。可是一段时间后，头又痛了，症状再次出现，且很可能超过药片能控制的程度，这时候，你就知道了，头痛的病因还在那里，并没有得到解决。

人们对股票市场的恐惧也是一种显性症状。面对此种情况，大部分人会怎样做？他们会逃避恐惧，把一切都委托给财富顾问，让财富顾问代替他们投资有价证券或者不动产。他甚至认为最好是什么都别做，把钱存在储蓄账户上就行了。但是，恐惧的诱因仍然存在，如果我们自己不去消除这些诱因，我们就没有可能获得较高的投资回报，财富个性的发展也会滞后。

来自乌尔丽克·谢尔曼的题外话：何为“语言中和”？

“语言中和”是应用能量心理学手段来促进个性发展的一种方法，它会在短时间内持续产生巨大效果。通过中和触发障碍的诱因，它能够消除所有可能的障碍。这个方法是由心理学家、心理治疗师威廉·拉默斯先生提出的。它根植于实际，不受信仰体系的影响。那么，它的作用机制是怎样的？

在运用“语言中和”时，人们首先要找到导致某种心理障碍的诱因，随后借助作用于潜意识的一些特定的“语言中和”这个诱因。这个诱因是指那些让人有负担的记忆、观念和对未来负面的想象，且它们仍在影响我们的现实生活：对未来悲观的想象会触发恐惧的情绪，比如，一个人在大脑中想象一幅画面，未来他的债务大山会越垒越高。“语言中和”的方法要求人们把这些诱因归纳成三句话，然后大声说出来。语言的力量会在潜意识中释放附着在这些诱因上的能量。于是，这些诱因就被中和了，也就不会再引发其他连锁反应了。

应用这个方法的前提之一是，要有专业的指导。特别是对于更深层次的心理练习，一定要有经验丰富的专业人员陪同，这是必要的。在充分学习和掌握的基础上，“语言中和”也可以作为一种自我辅导的方法。

恐惧的诱因会是什么呢？有可能是人们关于“股票”的已经内化

的观念："股票是留给专家的东西，普通人进入股市，钱没两天就赔光了。"在这种情况下，人们可以通过"语言中和"帮助纠正这种观念倾向，让这种观念不再诱发恐惧。

我们也可以用"语言中和"去调整让人感到痛苦的记忆。乌尔丽克给我讲过她的一位客户的故事，当然整个讲述过程是完全匿名的。这位客户儿时因为自己的父亲而感到羞耻，他的父亲把赚来的钱都拿去赌博，输了很多钱，让整个家庭都过得十分艰辛。就因为这件事，他的同班同学当着全班的面讥笑他。他仍能回忆起，当时的羞耻感是如何让他的脸烧得滚烫的。这种羞耻感一直伴随着他，如影随形，并且阻碍他去触碰一切与钱有关的事情。他认为股票交易与赌博的性质是一样的。这使他本能地拒绝股票，股票激活了他童年时期关于钱的所有负面感受。后来，他用"语言中和"调整了自己被同学羞辱的记忆，这样回忆就不会再触发羞耻感，股票因此回到了他生活中应有的位置：一个通过高回报的明智投资获得越来越高的收入的可能性。

个性发展的价值

当我们做好了培养个性的准备，同时又能够采取对的方法时，这无异于打开了巨大潜力的大门。财富是一位伟大的老师。我们已经知道，金钱本身是中立的，它只是一种能量形式，是可以被以一种或另一种方式使用的能量。在探讨"锅子系统"的时候我已经陈述过：我们可以利用自己对待财富的行为和态度来寻求个性上的发展。在我们人生中发生的关于财富的所有故事都可以是驱动因素。在钱的事情上，恐惧，还有它的反面——贪婪，都值得我们仔细揣摩。我们最好是能克服它们。吝啬和嫉妒也是与财富个性有关的很好的话题，也值得我们认真揣摩，以便我们能够从消极的心态中走出来。感恩之心、自我尊重和个人价值，甚至是与他人的关系，这些都可以成为驱动因素，帮助我们在财富个性方面进一步成长。

通常，在个性培养上，改变不是一夜之间发生的，而是需要一个过程。如果是容易解决的问题，而且我们在潜意识里早已准备好了，那么这个过程可能会持续几个月，但若有其他情况，这个过程也可能持续几年。个性培养没有止境，这是一件好事。我的财富个性的培养永远不会停止，虽然我认为自己在这个领域已经走了很长一段路。生活中新出现的体验总是会带来新的课题。幸运的是，我们仍然能够对此保持兴奋。假如有一天我的财富个性培养宣告完成，我又会成为怎样的人呢？

为了财富个性的发展，我们还需要什么呢？答案是专业的帮助。例如心理学辅导，或者包含讲座、小组训练、一对一个性发展辅导在内的长期引导，这些都能极大地帮助我们。能否主动寻求这种帮助也是一个有关尊重，或者自我尊重和自我价值的问题：很多人更愿意把钱花在职业培训上，结业后能得到一个证书，以便下次找新工作时派上用场。但是，对你来说，投资自己、投资自己的个性培养是否也是有价值的？你愿意为自己的个性培养花多少钱？你又有多高的意愿，为此放弃一些别的事情？还有，消费、购买、想拥有更多或者总是有新的物质需求的状态要持续到什么时候，这个问题也很重要。何时你才会意识到自己拥有的已经足够多了，并发自内心地说，“已经足够了，我不想再要更多了”？下一章我们将探讨这个问题。

个性的发展永无止境。

富足感

在几年前的一次讲座上，一位学员在课间休息的时候把我拉到了一边，然后告诉我，他 9 岁的儿子最近发生了一些事情，这让他感到非常高兴。一天下午，他坐在客厅里使用笔记本电脑，他的儿子朝他走了过来。

“爸爸，你到底在做什么？”

“爸爸在分析股票呢，爸爸想从股市里再多赚一点儿钱。”

“为什么要多赚钱？”

“这样爸爸就可以少一点儿时间工作，多一点儿时间陪你了呀。这个愿望就不用等 10 年之后才能实现了。”

一段时间之后，他开车带儿子去参加足球训练。在路上，他对儿子说：“我听妈妈说，你过生日的时候想要一个新足球。那你有没有想过要什么样子，什么颜色，多大的？”

他通过后视镜看着儿子的眼睛。小男孩说：“爸爸，我已经考虑过了，我不买足球了。我想买股票。这样等我长大后，我也可以有更多时间陪我的孩子了。”

人生中真正重要的事是更好地生活。

听了这位学员的故事，我热泪盈眶。我为之动容，是因为作为一个父亲，这正是我一直期盼的事情：让孩子懂得财富的真正意义是什么。我们累积财富不是为了新足球，不是为了名牌手提包或者跑车，而是为了人生中真正重要的事，那就是有了足够的财富后，我们可以更好地生活。

我之所以感动还有一个原因，我发现对小朋友来说，培养一种看待消费的良性观念是如此容易。我把这种观念称为“富足感”。父亲认为赚钱的目的是有更多时间陪孩子，父亲秉持这种观念，并且把这种观念付诸行动。然后，儿子也秉持了这种观念，并以愿望的形式表达出来。孩子明白他可以放弃一些事情，继而获得比新足球更重要的东西：父子相处的时间。

儿童可以很容易学会和掌握成年人需要耗费更多努力才能习得的事情。他们从周围的环境中获取养分，汲取成年人创造的东西，并且认为一切都是自然而然的。因此，父母或者教育工作者的个性就显得尤为重要了。我们培养和发展自己的个性，孩子也会从中受益。

然而，事情的发展不会都像他们父子二人那样顺利。我们在前进的道路上时常会遇到他人错误的观念。情况往往是，我们会被社会上广为流传的观念裹挟，这些观念往往经由媒体、书籍或者顾问等途径传播开来。它们仿佛是我们耳朵里的跳蚤，如果听信了这些观念，我们就会走上错误的道路，无法继续前进。我的另一个学员就是这样的。

为什么我们如此向往财富，却还是贫穷？

在一次以良好的财富心态为主题的研讨会之后，有个学员径直走到我面前。她把头稍微扬起，从下方仰视着我。我身高一米九五，算是大个子，因此，很多人站在我面前的时候都需要仰头看我，但是这次，这位女士的身体姿势与别人不同，怎么看都似乎是在表达某种沮丧。是不是有什么事情让她感觉到压抑？或者她正在寻求心理支持，寻找方向？我需要再观察观察。

“菲利普，你的讲座真是太好了！”

好吧，这话我经常听到。我只是好奇她接下来会说什么。

“听了你的讲座，我有一个问题想问你。”

哈哈，这才到正题。我友好地看着她，希望她能感受到我的鼓励。

“你知道那个关于愿望的定律吗？是叫吸引力法则还是别的什么？它说的是，一个人期待什么，最终就会实现什么。是这样吗？”

“是的，我知道这个定律。它行得通。”

听了我的回答，她打开了话匣子：“是的，我也知道它。我把关于这个定律的所有我能找到的书都读了，我也坚信，人可以通过愿望创造一个新的现实。所以，这个定律在财富这件事上肯定也行得通。”

“但其实没有用，对吗？”我小心翼翼地问。

“是的！多少年前我就开始期待，我告诉自己，我不仅可以实现财务自由，还会有很多钱。我卧室里有一张拼贴画海报，看着它，我完全能够想象我设想过的变富之后的生活。每天早晨我都会对自己说：‘我很富有，我有的是钱，我什么都不缺。’但事实是，我依然有那么多债务，我还是要每天与自己仅有的那点儿钱做斗争。这么多年了，我太可怜了。对于没有债务的财务自由的生活，我简直不能更期待了。我到底是哪里做错了呀？”

“我对你的情况不了解，只能猜测。我说一点，你可以看看符不符合你的情况。”

她用非常期待的眼光望着我。于是，我说出了我的想法。

“你刚刚也说了，每天为小钱奔波的生活太可怜了。我觉得，这就是问题所在。你希望未来有很多钱。但是当下你感觉自己缺东少西。所有好事只能在未来才会出现。这种想法恐怕不能为你带来任何东西。”

她看起来不知所措。“但是这么多年，我穷了太久，钱总是不够花，这儿够了，那儿又不够了。”

“首先，你必须让自己从心里拥有富足感。此时此刻，你觉得已经很富裕了。只有这样才会有更多的钱向你奔来。”

说完这句话，我都看到她脖子上气出来的红点儿了，我知道她已经非常不高兴了。

“我没有度过一次假，没买过新衣服，没买过新包，也没去过饭店，你倒是说说，你让我怎么从心里感觉富裕呀？”

此时此刻的我也没有之前那么心平气和了。

“行，那我就跟你直说吧，这就是一个价值取向的问题。你有住房吧？”

“有，怎么了？”

“你最近一次去看医生是什么时候？”

“就在几周前。我去家庭医生那里做了健康检查。一切正常。你为什么问这个？”

“好的，那现在我就可以告诉你三个你已经很富裕的理由。”

她的表情说明了她不知道我的话是什么意思，她在等待我的解释。

于是，我开始列数：“首先，你有住房，这已经很好了，这完全可以是你每天开心和感恩的理由之一。有自己的房子是一件多么幸运的事情，至少不用去睡大马路了！其次，你生活在一个健康保障体系运转得极好的国家，可以顺理成章地享受社会福利。我得祝贺你，跟地球上其他数十亿人比起来，你的生活水平已经遥遥领先了。最后，你看起来很健康。这是莫大的幸运啊，足够你每天感恩了！健康就是财富！不知道有多少人会因此羡慕你。”

“可是你说的这些跟钱有什么关系？我有那么多债务，压得我喘不过气来，我每天都为此而苦恼。”

“的确，负债的压力很大，这个我知道，但是你不能只盯着这一个点。即使在我们对话的时候，你也只盯着这个，你完全看不到生活中还有那么多特别好的事情。你拥有的东西已经很多了，你只需要享受这些并每天为此感恩。钱只会出现在那些已经觉得自己很富足的人的手里。你有足够的理由这样想，只有拥有富足感，吸引力法则才会起作用。如果你现在觉得自己穷，还不断许愿，希望未来能变富，那么你的愿望永远实现不了，你也不可能等来无债一身轻的那一天。你吸引来、吸引去，吸引到的只是缺东少西的窘境。”

她此时的口气已经略带挑衅了：“你说的这些谁能做到？我倒是要看一看。”

说完，她就与研讨会的其他学员去聚餐了。她悲观、懊恼的情绪久久萦绕在我心头。后来，我突然意识到，她并不感谢我与她之间的谈话。研讨会上有近 100 名学员，只有她在课间获得了一次单独辅导的机会。只有她。我想，她肯定是从哪儿获得了研讨会的票，否则她也不会来。会是谁送给她的？或者她还有一些储蓄？看看，这又是一个可以感恩的理由，原本也可以为她带来富足感。

你看到自己生活中好的一面了吗？

最终，我把关于她的思考放在了一边，我要尽情享受聚餐。这个聚餐安排得超级好，有许多健康的蔬菜，除了头盘、甜品，还有至少 4 道主菜。有各种口味的食物。我非常感谢酒店团队的精心安排。我们能在这里真好！

这段经历只能告诉我们一件事：

只要我们还感到匮乏并将富足的愿望寄托于未来，“梦想成真”这种事就永远不会实现。

我们根本没有处在能够吸引财富的良性循环之中。我们吸引匮乏，因为我们感到匮乏。我们依然可以在家里制作拼贴画海报、用好看的图片激励自己。但是，如果这些都只是用于幻想未来，那么我们可以马上把它们扔掉了。

如果感到富足，我们就会吸引富足。

反过来，如果我们感受到富足，那么我们也会吸引富足。是的，当然说起来容易做起来难。如果一个人连电费账单都付不起，你让他如何感受到富足？如果一个人缺钱缺到一个子儿都拿不出来，他能感受到富裕吗？我觉得还是可以的。我也不是一直都像现在这么富裕。我在前面讲过，在我小的时候，我父母的公司欠了很多外债。但是，生活中经常有，真的经常有足够多的事情，可以让我们感受到富足和感恩。在我看来，来听我讲座的那位女士完全可以每天感恩命运，她如此健康，体检时连一个病灶都没有发现。在短短几分钟内，我就帮她找到了那么多可以深深喜悦和感恩的理由，但是她自己不想看到，她就只盯着自己缺少的东西。

当账户上有了足够的钱时，很多你今天觉得需要的东西都会变得不再需要。但令人遗憾的是，人们经常在有了钱之后才认识到这一点。这是一种经验之谈，很多人至今还不能体会。尽管有时候我们也许拥有的已经足够多，但还是感觉不够。因此，我们需要更认真地审视自己如何才能拥有富足感——即使我们真的没那么有钱。在财务账户还没有达到完美的状态之前，我们如何才能做到感恩、自律和自尊，从而超前体验富足感，真正感觉“我被照顾得很好，我是幸福的”？我们如何才能真正有这种感觉，而不只是把它当成许愿时的祷词？

你真的需要名牌包吗？

在此，我想给大家讲讲我自己家的故事。我非常幸运，生活一直都处在稳定的“富足感”中。在我和我太太看来，很多东西都太贵了。她总是问：“这真是必需的吗？”然后，我们会异口同声地回答：“不是。”但是有一次例外，那是一个星期六的下午，我们两个在步行街散步，当时，我特别想送她一个礼物。

橱窗里陈列着各式各样的手提包，我知道很多女人都喜欢这个，于是，我灵机一动：“亲爱的，咱们一起去古驰店看看手提包吧。”

“如果你真的想看那就去吧。”她说，语气有些勉强。我感觉，她更愿意继续在街上闲逛，享受秋日的太阳照在脸上的感觉。尽管这样，我们还是去了，在店里转来转去。我刚想从架子上拿下一个包，一位女售货员就飞快地向我弹了过来，她踩着高跟鞋，却出人意料地灵活，她不偏不倚地停在了我面前：

“抱歉，亲爱的顾客。我来帮您展示这个包。”

“啊，好吧。”

她优雅地拿出一副白色丝质手套戴上，小心翼翼地拿起架子上的包，提着它在我们面前晃来晃去，而我们就像被催眠了一样，直勾勾地盯着那只白手套下的包。

而后，我太太用一句世俗的话打破了眼前这庄严的宁静：“这包多少钱？”

“2 900 欧元。”女售货员露出了胜利者一般的笑容。

听完，我太太转动她的脚后跟，径直离开了商店。

我还站在那个戴白手套的女售货员面前，而此时，她拿包的手抓得更紧了。

她问：“现在是？”

“很简单，现在我们不买包了。”我回答。

我赶紧去追我太太，出了商店，来到街上。我搂起她的腰。不用买任何东西，我忽然有点儿高兴。我们继续笑着，悠闲地走在步行街

什么东西都没买，
我们也很开心。

上，享受着阳光。即使什么东西都没有买，我们也有我们的乐趣。

从前，我很害怕会娶到一个因为钱才跟我结婚的女人。但是，就算是让我太太跟我一直住帐篷，她都会同意的。要学会断舍离，这对我来说是很重要的一个感悟，直到现在，我的太太还时常在这方面督促我。每次我跟她念叨我要花大价钱买东西的时候，她都会对我说："亲爱的，我们真的需要这个吗？"

有一次，我预订了一家五星级酒店，她问我："你去那儿做什么？"

"去度过一个美好的假期呀。"

可是她连连摇头，于是后来我们没有去这家酒店。实际上，后面很多年我们都没有再去过五星级酒店，因为孩子们在高级酒店里不能尽情玩闹，他们被要求最好能像 70 岁的人那样稳重行事。但是，如果是在三星级或者四星级的酒店里，孩子们反而能够更加轻松地享受假期。

现在，我们在郊区有一幢漂亮的房子，房前屋后郁郁葱葱，还能看到一片马场。房子有大约 250 平方米的居住面积。一个四口之家还需要更多吗？其实阁楼也已经装修好了，可是没人去住。如果一个收入处于社会平均水平的人来我家看，他也许会说："太酷了！警报系统、灌溉系统、中央吸尘系统，应有尽有啊。"但是，如果是一个跟我资产差不多的人来到我家，他会说什么呢？

"哥们儿，你怎么活得跟乞丐似的！"

还记得我大儿子刚出生没多久，二儿子还在他妈妈肚子里时，一个朋友就对我说："菲利普，你现在就可以再买一辆车，你的机会来了，就让欲望吞噬你吧！"

我当时的回答自己都觉得挺酷的："嘿，你太容易发疯了。我太太在家，我也在家，如果要出门，我们会一起出门。一个孩子在这儿，而另一个还没生出来呢。”

那个时候，我真是逢人就得解释一遍我们家是穷还是富，要是富的话，为什么只有一辆车！

我还对这个朋友说：“你知道吗？我不小气，但是，我也不疯狂。我只是觉得，单从保护环境的角度看，拥有多辆车是完全错误的，人们根本用不了那么多车。我大部分时间都跟我太太待在一起，偶尔开车出去买点儿东西，一辆车足够了。如果我们需要分头行动，就一个人开车，另一个人骑车，或者两个人都骑车也可以，具体情况具体安排就行了。”

我之后又说了一句，因为我突然想到了点儿什么：“我能变富，就是因为我能控制好自己的开支，要说还有其他理由，那就是，我也不小气。”

在我眼里，吝啬是愚蠢的，因为吝啬的人从来不会捐赠。但是，把钱往窗外扔、把钱花在没用的东西上，甚至借钱去买没用的东西同样很蠢。我们还不如去做点儿别的，在一些永远需要我们投入更多能量的事情上，例如心怀感恩。

心怀感恩

每当晚间，我和妻子躺在床上时，都会感恩我们所拥有的东西。我们会有一个分享感恩心得的互动环节。我们会至少说出当天发生的三件事，那些很棒的、美好的、令人印象深刻的、温暖的、特别的，或者让我们惊讶的事。比如：“我感恩我们拥有自己的孩子，而且他们都很健康；我感恩我们一家人都很健康；我感恩我们拥有这么多财富，我们和孩子都可以生活无忧；我还感恩我们身边有那么多善良友吝啬是愚蠢的，浪费也是。

好的人。”这对我们来说是特别美好的时刻，我们能够清楚地感受到自己是多么幸运，我们的内心是多么充实和富足。

每当我们发现对方身上的一个闪光点时，我们就会有一个特别好的感恩理由，我们也会告诉彼此。躺在床上当然不是必要条件。我向你推荐这种互相表达感谢和感恩的方式，向哪个人表达都可以，你可以向你的伴侣、朋友、孩子或者其他家庭成员表达；也可以向同事、合作伙伴、客户，还有领导表达。你也可以感恩一段徒步旅行；或者，在和一位老朋友喝咖啡时告诉他，这么多年来你是多么珍视他这个朋友，以及你为何如此感谢他。感恩的理由不胜枚举，你可以说，他说话总是诙谐幽默，这让你们有机会在一起开怀大笑，你感恩友谊长存。

那么，我今天又因何事表达了感恩呢？我感恩自己写了这本书，并且可以出版它。我为自己能够与读者交流感到荣幸，他们阅读我的想法，也许还会在读到那么一两处内容时特别留意，停下思考，试图检验自己的财富行为。每次讲座的时候，我都会心怀感恩，感恩自己可以为其他人提供一些有用的东西。我以书为媒，也感染了一些人，我的书甚至帮助很多人抓住了良机。这些都是生命的馈赠。感恩在最真实的意义上丰富了我的生活。我感谢那些每天出现在我身边，支持我所想所做的人。

表达感恩可以极大地丰富我们的生活。虽然有时看起来像语言游戏，但它是一种很奇妙的语言游戏。生活在现代社会的我们，在心怀感恩这件事情上有数不胜数的理由：我们是健康的，我们身边有值得托付的人，很多人也许还会有孩子陪伴在侧；我们住有所居，饮食极为丰富；我

感恩丰富人生。

们有朋友，有受教育的机会，能够表达自己的思想；我们生活在安全的社会环境中。然而，还是有很多人被生活中的困难迷住了双眼，看不到现代社会赋予我们的种种美好可能。在这个问题上我是高度自知的，我深知在我们面前还存在诸多巨大的挑战。我不是瞎马临池，但是我认为，我们绝对不能每天只盯着困难和挑战不放。每天看报纸、听广播、看电视 10 次，并不会让我们走得更远。

设想一下，如果这本书除了“心怀感恩”，没有其他具体的实践建议，那么它还值得读吗？我敢说，即使只学会了感恩，也足以带领我们过上丰富和充实的人生。躺在床上，对伴侣说声感谢只是其中的一个方式。实际上，我们可以通过各种各样的方式感恩：很多人把感恩之情写在日记里，也有人会在脑海中悉数感恩的理由。重要的是，我们需要真切地感受感恩之情，而不仅仅是理智上认为需要感恩，也不是形式化地说出感恩或者写下感恩。感受感恩，这种美好的状态会缓缓地遍布我们整个身体。

除此之外，我们能做的事情还有很多，诸如提高自尊和自我价值。在谈论金钱和其他事情的时候，态度恭敬，和善友爱，妥善处理涉及尊重的各类问题。但是，在我们对这些话题进行更深层次的讨论之前，我还想就某种观念发表几句拙见。这种观念在我们的社会中根深蒂固，而且会阻碍我们获得更多的财富。

人性本善

你肯定听说过“金钱毁灭人性”这句话。我在童年时期就知道这句话了。在学校，在街角的商店，后来又在电视机里，我总能听到这句话。幸运的是，我的父母从不说这句话。也因为这样，当我在外面听到这句话时，我才能保持怀疑的态度。我是幸运的，全然没有被这句话影响。但其实这句话也给我带来了相当大的困扰，因为越来越多的人不能做到毫无偏见地看待并处理自己的财富，他们因此在努力获得更多财富这件事情上屡屡受挫。

其他人并不都像我一样质疑这句话。根据我的经验，大部分人是相信这句话的，可能是有意识的，也可能是无意识的。很遗憾，就比如他们可能觉得朋友之间的友谊一涉及钱就会完蛋。可以用一句老话来形容这件事："提钱伤感情。"根据英国舆观调查公司在 2015 年 4 月 28 日至 5 月 1 日对 1 339 名受访者的访问结果，73% 的德国人认为这句老话反映了现实情况。

我们对这种观念深信不疑的原因何在？我个人认为，原因之一就在于，我们谈论金钱，谈论如何对待财富的方式在绝大多数情况下是负面的。这种看待财富的态度必然会影响我们看问题的视野。那么，人们又为何会用这种态度谈论财富呢？企业家的丑闻、政客和金钱的瓜葛，这些都是最受欢迎的话题。人们对这些负面新闻津津乐道："我早就看明白了，政客都腐败。他们利用他们的社会地位还有我们这些贫穷的纳税人不断敛财。"这恰好证实，大家一直以来都是这么想的，所有人都有一个共同的敌人，那就是"邪恶的有钱人"。有时候我甚至在想，转移对自己错误的关注有可能是这些与金钱欺诈有关的报道如此受欢迎的一个重要原因。当我们对别人的行为感到愤怒时，我们的注意力就会被分散，就会忽略自己的表现也并不是很完美这件事。

财富丑闻是受欢迎的话题。

避税，甚至逃税，算得上一项全民运动了，然而这在某种程度上说属于轻微犯罪。打零工的保洁员、勤杂工，帮人粉刷卧室墙面的装修工人，以及帮人在房后盖车棚来挣劳务费的建筑工人，这些人都可能收现金而不纳税，这种情况就属于税务欺诈。其实并没有什么轻微犯罪的概念，这些行为跟我们在媒体报道中看到的令人气愤的事情的性质是一样的，都是欺诈。我偶尔会在讲座上问学员对这种行为有什么看法，我能感觉出来，几乎每个人都曾经……反正当我表达我的看法时，每个人看起来似乎都有些尴尬。

我们应当反复提醒自己，如果说我们比其他人优秀，那么一定不应该只是因为我们比其他人有钱。我们应该清楚，拥有更多财富只是个人优势的一部分，而不是全部。在这方面，我也会审视我自己。我非常明白，无论是过去还是现在，我都拥有诸多良好的天然条件。虽然我挣的每一分钱依靠的都是自己的努力，我没有从父母那里继承什么财产，但我也知道，我之所以能够在证券市场上获利，能够通过开公司赚钱，这些都与我所拥有的极其良好的先决条件有关。我在一个充满企业家氛围的家庭环境中长大，从小到大玩了那么多次《大富翁》游戏。此外，我成长在全世界最富裕的国家之一，这让我有机会接受良好的教育，我的父母也给了我很大的支持，这些已经让我赢在了起跑线上。另外，我身体健康，有清晰的头脑，还有诸如此类的很多优势。

我深知我个人并不能代表什么，但是，我确实算得上“金钱毁灭人性”这句话的反面例证。因为我虽然拥有一定的财富，但依然过着十分朴素的生活。我的家人、朋友、邻居、合作伙伴没有人觉得我与人疏远或者行事缺乏人性与良知。当面对他人时，我并不冷漠，看到有人过得不如意，我会感同身受。我会把个人收入的很大一部分固定用于捐赠（这部分内容在第 5 章会更多涉及），我过着脚踏实地的生活。我尊重他人，在演讲和授课的时候，我也把对听众的尊重摆在首位。至少，作为个例，“金钱毁灭人性”这句话对我而言显然有失偏颇。

我自身的经历以及我了解的其他很多拥有财富的人的经历都让我坚信：

财富不会毁灭人性，反而会彰显人性。

财富会让一个心胸宽广的人变得更不爱计较，因为他可以做更多好事了。一个品行不佳的人有了钱之后也许会变得更差劲，但起决定作用的不是金钱，而是人性本身。

人性本善，人类天生乐于助人。“给予比索取更幸福”这句话不仅仅是一句谚语，更是一种被研究证实了的科学认知。在我们的幼年时期，利他主义的态度就已经根植在我们的血液里了。出生几个月的婴儿就倾向于喜欢那些帮助他人的人。但是，在利他主义存在的同时，自私利己的观念也可以自我发育并相互感染。一些年纪稍微大一点儿的孩子在与其他孩子或者成年人有了更多接触之后，会明显地表现出利己行为，这时他对利他主义的偏好就没有那么明显了。人性的天然状态会受到社会经验的影响，甚至被后天习得的观念覆盖。其中起作用的因素是，我们与哪些人相处，我们自己的价值观又是怎样的。

人性本善。

我们自身代表着一切的决定性因素。我们关注、重视的是什么？让我们带着这个问题进入下一小节，这是我在与财富有关的问题上最喜欢的一个话题：尊重。

学会尊重：人与自己、他人、金钱的关系是如何影响财富状况的？

你还记得我遇到一个超重的健身教练那件事吗？他的名字是叫马库斯吧？我从这个经历中学到的就是，一个人如果想教别人做什么，他自己首先就要做一个好榜样。人们应该向别人证明，他们要教给别人的事情，他们自己已经实践过了。马库斯没有做到这一点。他体重超标，这导致我无法信任他，我不相信他提出的训练策略可以帮助我减重。所以让我们一起看一下，在这一小段经历中我认为最重要的事情是什么。当时，关于如何回应马库斯，我脑海中涌现出很多选项。其中一个选项是一瞬间闪现的念头：我以后再也不来这家健身房了，换电话号码，改登记信息，赶紧换衣服走人。

但是实际上，我只用了很短的时间来考虑这个方案，然后，我便选择了选项二。跟马库斯训练了一个小时后，我对他说："马库斯，我的人生经验告诉我，我们每个人身上都蕴藏着某种值得被周遭世界知道的东西。它有可能是某项技能、某种天赋，或者其他的什么，也正是因为这样，我才想认识并了解你。但是今天，在我眼里，我想认识你的理由可能不是你在健身方面的建树。我希望，如果我不选择你做我的健身教练，你不要介意。但是，这并不妨碍我们成为朋友，我们仍然可以相互学习。"

每个人身上都有值得被知道的闪光点

在人生中，你有多少次会选择选项一，又有多少次会选择选项二？我们可以在生活中不断地问自己这个问题。我也经常这样做。第二种选择诠释了“富足”的真正意义：

真诚属于尊重的范畴。

富足意味着以尊重之心面对自己，同时也要以尊重之心对待他人。

尊重就是要正视自己真实的诉求，同时要对他人保持真诚。在拒绝马库斯，以及给予他相关的反馈方面我都是这样做的。对自己，我尊重并跟随自己的直觉，我没有接受马库斯当我的教练，但我也很尊重马库斯，我真诚地希望知道，他真正擅长哪些方面的事情，我可以从他身上学到什么，以及我有没有什么是可以帮助他的。

谦逊的态度也属于尊重的范畴，这是一个老生常谈的概念。我会对学员们特别强调：“我们并不会因为拥有更多财富就比别人更优越。”我强调这一点是因为我经常遇到这样的学员，他们深层次的动机就是要让自己比别人高一头，要自我感觉比别人更优越。我总是尝试马上使他们打消这种念头。我经常会看到类似的现象，某些人变富以后，会突然变得像一只高傲的公鸡。例如，他——或者少数情况是她——会买一些象征身份和地位的东西。在我们的社会中，这些东西往往就是古董、车、房子、服饰、手表，还可能包括八块腹肌和人造胸。然后，这种人就会摆出一副“看吧，世界尽在我的掌握之中”的样子，他会认为自己当下就是比别人强。

这种现象也说明了同样的道理：财富不会毁灭人性，反而会彰显人性。这样的人自身有许多需要改进的地方，带着这种态度，他走不了多远，时间久了，他会失去真正的朋友，没有人会在他生活遇到困难、身体出现问题或者遇到财务危机时拉他一把。在危机面前，没有人可以幸免，世界上最富有的人也不能。这类人的个性发展也很有可能受到限制，因为他们的人生是建立在财富和自我感觉良好的基础上的。当处于情绪消极的境遇中时，这些就可能变成问题。我说这些不是在幸灾乐祸，而是认为，人人都应该时常问问自己，当我们自我感觉飘浮到云端上的时候，我们是否忽视了一些重要的东西，比如，当有的人生活非常富裕时，还有人一无所有。

人类，留在地面上吧！

支付合理的报酬

两年前，我们家换了一个新的家政服务员。她之前在面包店工作，每次我们去买东西的时候，她对我的太太和两个儿子都十分关照。

过了一段时间，我对太太说："我总是听你提起面包店的那个萨宾。你不如问问她愿不愿意到我们家来工作。你可以邀请她到我们家里来。"

于是，我太太就问了她这件事。再后来，萨宾来我们家进行了一次面谈。在谈到薪水的时候，我问她："萨宾，你理想的薪水是多少？"

"啊，这个，菲利普，我在面包店的时候，时薪是8.84欧元，就是社会最低工资标准。"

"萨宾，你知道吗？虽然我们认识的时间不长，但是我相信，你在我们家一定可以很好地完成工作。我们信任你。我们会先支付你时薪11欧元。我知道，在一个生活成本这么高的城市里，这个报酬水平也不是很高。可是，我们也不想让你觉得，就因为跳槽到我们家，时薪就可以马上涨到17欧元。我们能向你保证的是，如果你来我们家工作，并且可以像对待自己的家庭成员那样照顾我的家人，你一定可以获得与之相匹配的薪水。”

萨宾坐在我们面前的桌子旁满眼泪水，因为她不用再赚 8.84 欧元了，现在她能赚 11 欧元。

在这之后，她问我们：“菲利普，如果我的工资从 8.84 欧元涨到 11 欧元，我可以不再每周工作 40 个小时吗？”

我们夫妻二人异口同声地答道：“当然不用了，每周你只需要工作 27 个小时。”

现在，萨宾有更多时间陪伴自己的孩子，也有了更多休息的时间。多年来，她最需要的就是这些。

要尊重他人，就给予其合理的报酬。

所以，对我来说，尊重与支付他人合理的报酬密切相关。当然，尊重也与我们如何应对来自客户或者其他人的投诉、批评或者不满相关。在这一点上，我可以从自己的从商经历中挑两个截然相反的事例讲给大家听。我们学院为现场讲座提供满意保证，这个意思是，如果谁为我们的课程付款，那么上了一天课之后，他可以要求退款。退款理由可以是上课感觉不好、课程内容不符合他的需要，或者课程效果不明显，这些原因都可以。迄今为止，来参加讲座的大约 5 000 名学员中，有三位行使了这项权利，他们都拿到了退款。我私下给这三位学员致电，询问了退款的原因。通过这种方式，学员会觉得自己受到了重视。

我们有价值吗？

然后，我们来看看个别企业是怎么处理的。之前有一次，学院的网络出现了故障，我们苦等了两个月才等到某家大型通信公司的回复。其间，学院产生了 4.5 万欧元的经济损失，除了其他事项，损失主要是因为我们没有办法举办在线研讨会了。我们在收到通信公司的道歉信后，回了一封信，是言辞激烈的那种。之后，我也记不得到底是多久之后了，我们收到一张卡片，是用常规的A6纸打印的卡片，没有公司管理者手写的签名，加盖了专门为这类情况准备的卡片印章。我刚才也提到了，这件事关乎4.5万欧元的经济损失，而我们收到的只有一张卡片，上面打印着：我们感到十分抱歉。

自我价值感决定我们的收入

对他人的尊重与我们的自我尊重往往就像一件事的正反两面：我们是否尊重合作伙伴，是否尊重邻居，以及如何与售货员相处都是我们与自我相处的一面镜子。你是否尊重自己？每天清晨，你看着镜子中的自己，会对自己说什么？你在看到自己不够完美，也许也不符合标准的身材时又会对自己说什么？如果你为某些事情感到羞耻或者犯了错误呢？你怎么看待自己的性格和个人价值？你的价值是体现在有钱又有豪车上吗？你有价值是因为你有好工作并且业绩卓越吗？还是因为你擅长运动、身材好，或者因为你有一个好妻子，还有三个听话的孩子？

设想一下，如果以上这些都突然消失了会怎样？假如，经济危机来临，你失去了所有财富。你的雇主破产了，你被解雇了。你因此生病而无法再做运动，然后你变胖了。最致命的是，如果此时你的爱人也离开了你，还带走了孩子，那么，你还是有价值的人吗？

乌尔丽克在她的书中写到过一种自我价值感，它不依赖于任何外部条件。同时，她也描述了一个相反的概念，即“偶然性的自我价值感”：人们评价一个人是否有价值的出发点是这个人是否富有、成功、受欢迎、爱运动、外表令人赏心悦目。现如今，这种类型的自我价值感十分受推崇，社交媒体为这种自我价值感提供了特别便利的展示机会。

然而，这种自我价值感是非常脆弱的，当所依附的条件不再存在时，这种价值感就会随之倾覆。就像前面描述的那样：当一个人变得一事无成，财富和社会地位尽失，突然不再具备任何财富属性和社会属性时，他对自我的价值认同感就会跌入谷底。如果一个人将个人的价值与一些特定条件绑定在一起，那么当他遇到这样的事情时，他的情况将会特别糟糕。乌尔丽克甚至警示人们，不要过度沉迷于这种“偶然性的自我价值感”。因为在经历了重大波折之后，这种“自我价值的宿醉”——她是这样称呼的——将会变得非常致命。有些人会因此觉得自己的人生失去了全部意义，他们觉得自己一文不值。

但幸运的是，还存在另一种类型的自我价值感，即“向内的自我价值感”。它不依附于任何条件，因此它更加稳定。我们可以通过对自我更多的关注建立这种自我价值感。它的基本观点是：

我存在于世，我便有价值。

不要贱卖自己！

你会感到自己是有价值的，仅仅因为你的存在吗？我建议你建立这种向内的自我价值感，致力于寻找自己身上有价值的东西，而这些东西与成就、财富、地位和消费水平无关。其他人为什么喜欢你？你的朋友为什么喜欢你？在这些答案的基础上，你在人生的任何境遇中都会觉得自己作为一个人是有价值的。这样你就可以从容应对人生中遇到的所有事情，当然也包括财富问题。例如，当有人想用社会最低标准的工资压榨你的时候，你觉得不公平，自然就会去寻找其他工作机会。

很多人的自我价值感几乎低到了尘埃，他们过于轻视自己，我认为这是一个非常大的问题。我在前文提到性别工资差距问题，男性劳动者和女性劳动者的收入是不平等的。相较于男性，很多女性也认为自身的劳动价值没有那么高，长此以往，她们会进一步被社会低估。排除其他因素，这两点也导致了客观上在拥有同样业绩和资质的情况下性别收入差距的存在。

自我尊重的心态与薪酬又有怎样的关系呢？我这里有一句话，请你在遇到涉及薪酬的问题时想想这句话：

我得到的都是我应得的，我值得拥有这些。

尝试找出你工作中可以转化为收入的价值，然后从这些价值出发。如果有哪个雇主试图以低于你自我价值认知的水平支付你薪水，那么抱歉，你应该去寻找新的雇主或客户，他们能够并且愿意用合理的薪酬来表达他们对你的尊重。

自我尊重的程度也会影响人们在为别人支付薪酬时的态度。在这一点上，我总结了一条规律，它不是放之四海而皆准的，但我认为有一定的参考意义：

穷人关注成本，富人关注价值。

这里又有一个关于自我价值观的问题。当你拥有财富，并且某种东西能给你带来很多好处时，你会觉得为这种东西多付些钱是完全合理的。这里探讨的是一个我们在有关个性发展的讨论中提到的话题：当我们预估自己可以获益匪浅的时候，我们为什么不为此付个好价钱呢？拥有财富就是为了用它交换其他有价值的东西，让能量流动起来。此外，这也关乎我们与财富之间的关系：我们要做守财奴一分钱都舍不得花出去吗？因为特别吝啬而不想用钱生钱？或者，我们希望自己慷慨，让钱对我们来说只是实现目标的工具？

也许你已经意识到，我要开启一个更深入、更重要的话题：人与财富的关系。我们与财富终究是需要建立关系的，当然，这种关系要尽可能地好。为了发展这种关系，我们可以先看一下自己通常是如何建立关系的，这让我们又回到个性的话题上。

与财富建立良好的关系

我十分笃定，我们需要与财富建立良好的关系，这样财富才愿意向我们靠近，也才会愿意与我们长久相伴。我们务必热爱财富。

"我明白了，我就坐在我家卧室里，然后开始爱我的财富吧……"好极了！请问你已经尝试了吗？事实上，有些人就是通过每天帮助学员练习热爱财富来赚钱谋生的。学员们回到家，拿起一张钞票，把它放在眼前，同时不停地想："我爱你，我爱你，我爱你。"每天，他们认认真真、全神贯注地做这件事50遍。难道这样做一周之后，他们对金钱的厌恶就能改变吗？他们就热爱自己的财富了吗？肯定不是的，事情没有这么简单。

如何学会热爱自己的财富？

但是，我还是会说，如果你希望变得富有，你就要热爱自己的财富。此时，你可能会问："我要如何开始呢？钱也不太喜欢我，我还要热爱它。财富持续忽略我的存在，使我度过了多少个不眠的夜晚，我账户上的余额越来越少，在这种情况下，我如何能与财富建立良好的关系？"这就好比你之前说："如果我太太对我好，那么我肯定会爱她。但是，她必须先对我好才行。”你可能已经发现了，现实生活不是这样的。

向财富示爱。

那么，如何学会热爱自己的财富呢？为此，你可以先做一个测试，目的是了解你需要克服的致富障碍有哪些。

你可能在生活中不断地寻找证据，证明钞票不过是一张纸，你想说明人与钱之间根本不必有情感上的关联，钱是肮脏、恶心的东西，而且很危险。这些当然都是潜意识里的想法，但是越是深植于潜意识的想法，对人的作用力可能就越大，有些还会影响人的个性发展。如果你无法向财富示爱，那么本书提供两种疗法。

疗法一：你先在口袋里揣很多现金。然后去超市买东西，就挑周六中午 11 点半这种时间，把车停在已经满满当当的停车场。这个时间段购物的人很多，收银台前的队伍会排得很长。此时，在收银台前，面对收银员，你就迎来了一个锻炼的好机会：请先把购物车里的东西都拿出来，放在传输带上。这时你一边付钱，一边跟态度友好的收银员攀谈。然后，你从裤子口袋里掏出那些现金，大声对现金说，让每个人，包括排队等待的那些人都听到：“哥们儿，我亲爱的钞票，有你在太好了。记得回来找我噢！顺便把你的那些兄弟姐妹也一起带回来。”然后，你爱抚或者亲吻手里的现金，之后把现金递给满脸惊讶的收银员，就在众目睽睽之下这样做。某种形式的亲密接触是关键：带着深情的微笑，轻抚，然后亲吻。我在前面列举了各种不同的表达形式，你已经知道了。

在我之前的财富培训课上有一对儿夫妇，两人都是纯正的“技术宅”，我总是打趣地称他们为“1–0 人员”。他们在学院经过了一年培训之后表示：“亲吻钞票这个行为彻底改变了我们的生活。”

自测：你热爱自己的财富吗？

拿起你手头面值最大的一张钞票，无所谓多大面值。现在请你思考如何向这张钞票表达你的喜爱之情？方式有很多，但是它们肯定与你平时表达爱意的方式有关系。其实，什么方式都行：触摸、爱抚、亲吻、微笑、赞美，给它讲你自己的经历，告诉它你为什么爱它。相信我，在这种思路的引导下，学员们尝试了各种各样的向财富示爱的方式，他们千奇百怪的行为我已经听得太多了。

然后呢？你做了什么？你是否对自己的财富恰当地表达了热爱？如果还没有，那么：

- ○ 为什么没有？
- ○ 你是觉得这种行为很可笑、很愚蠢吗？你会想：

“那个菲利普的建议是什么玩意儿？纯属胡说八道。”

- ○ 或者，对你来说财富是肮脏的、恶心的，甚至充满危险的，对吗？
- ○ 你对财富的固有印象是怎样的？

疗法二：去银行取一大袋现金，然后回家给伴侣一个惊喜。你们可以先享用一顿美味的晚餐，喝红酒，然后走进卧室。床铺已经事先准备好了，满床都是钞票。

那对儿“技术宅”夫妇就尝试过这个方法。他们甚至把现场照片发给了我，照片里没有人，只有铺满了现金的床。

我们把这两种方式称为疗法，有些人可能认为是不太严谨的。有的人可能一想到自己要站在收银台前或者躺在床上拿着一堆钞票，就觉得非常荒谬。你可能也发现自己很反感这种行为，而且无法克服自己的反感。你的伴侣会觉得你疯了，想要跟你分手。现在，所有这些反应对你来说都无须大惊小怪，因为你已经知道了其中深层次的原因，你看到了问题的背景和触发因素，例如你为什么会觉得反感，你可以中和这种感受。

除了这两个疗法，还有一些其他的方法能够帮助我们建立与财富之间的良性关系。就如同生活中的其他事情一样，我们必须做些什么，然后才能有收获。我们不会平白无故获得财富。请回忆一下我之前写过的内容：世界上根本不存在被动收入这回事，我们获得的所有东西都是要付出相应代价的。那么，我们到底要怎么做才能与自己的财富建立起良好的关系呢？

其实，这和我们与其他人建立良好关系的方式类似。我的一位好朋友经历过一段非常艰难的关系建立过程，我们两个也会经常谈论这件事。我这个朋友 40 多岁，是离异人士，前不久，他结识了一位女士，她有两个孩子。当然，有很长一段时间，他们见面时都不带着孩子，二人相处融洽，因为他们都很善解人意并且处世周到。毕竟对孩子们来说，如果妈妈每隔半年就带回来一个可能会成为新爸爸的男人，孩子们也不会太开心。在相处了五六个月之后，他们两个都意识到，可以将关系往前推进了。女士说：“我想，是时候找个时间，大家一起坐下来，让孩子们认识一下你了。”

如何建立一段关系？

她安排了一次带着两个孩子一起参加的约会，她们一个 14 岁，一个 15 岁，是两个正值青春期的女孩儿。听到这里，我估计你会想：“呵，那祝他们好运吧！”是的，你猜对了。他赴约了，为了这位他的确很喜欢的女士，他也知道，如果他想与这位女士走到一起，就需要先跟两个小姑娘搞好关系。要说他毫无心理压力是不可能的，这不奇怪。他在心里问自己："从此时此刻，从 17：03 开始，我如何能跟这两个小姑娘搞好关系呢？我需要做什么？"

每次在讲座中提到这个故事的时候，我总是会收到"送她们鞋和包"这样的建议，男士们则更倾向于"买苹果手机和平板电脑"。但是，我的这位朋友不傻，姑娘们当然也不傻。他非常清楚，如果搞这种礼物贿赂，那么在关系还没开始之前，他就已经把它扼杀在摇篮里了。毕竟，就算这两个姑娘人再好，在见面前她们也会这样想："讨厌，你又不是我爸爸。你这只青蛙别想跟我妈睡觉，不然我就告诉爸爸！他可比你强壮多了，你赶紧逃跑吧。"

他该怎么做呢？在这种情况下，你又会怎样做呢？你给出的答案将会透露出你与他人建立关系的方式。适合自己的方式就是好的方式。我们每个人都有与别人建立关系的方法。关系在人生中是必不可少的。过去，关系对你产生了怎样的作用？请回想一下，你是如何建立你一生中那些重要的关系的？ 在哪些节点，你们的关系得到了发展和深化？是怎样实现的？是因为你表现出了诚意，还是因为你懂得倾听，对他人给予了足够的关注？你询问了什么问题，还是因为你性格开朗、为人真实？

不管具体情况是什么，有一点是肯定的：建立关系需要时间。从 17：03 开始与两个小女孩儿建立良好的关系，这是句玩笑话。他需要投入时间，尤其是在这种有难度的情况下。我能理解我这个朋友为了与两个孩子处好关系付出了多少努力，又吃了多少闭门羹。也许有的人能在见了孩子一面之后就获得孩子的喜爱，但是，我这个朋友却碰了一鼻子灰。一年多以后，他才有了一些底气说："事情开始向好的方向发展了。”可是在这一年中，有无数次他觉得：“付出什么努力都没用，我永远都是一个外人。”

从某种程度上说，他说得有道理：他永远都不可能成为两个小姑娘的父亲。时至今日，她们两个有些事还是不会和他讲。但是随着时间的推移，情况不再那么艰难了。甚至有时候，他们可以一起围坐在茶几旁说说笑话。大约是在他们认识一年半之后，有一次他坐在大女儿旁边，她在笑的时候，把头靠在了他的肩膀上。当时，一股暖意涌上这位朋友的心头，他知道：“嗯，这样就很好，我们都做到了。”他与孩子们建立了一种持久的情感纽带。这是一种关系类型，它不属于任何一个门类，不是“父女关系”，不是“叔侄关系”，也不是“继父女关系”，而是一种很特别的关系，我们的社会并没有赋予它一个确切的名称。因为重组家庭有其特殊性，与许多其他类型的关系一样复杂。在面对这种关系的时候，不用错误的标签去定义它会更好。

让我们把这种思路平移到财富问题上：如果我的朋友把伴侣的女儿看作麻烦制造机，那么他可能没有任何兴趣与她们建立关系，这两个女孩儿也会无所不用其极地给他的生活添乱。她们会不断做母亲的工作，直到这位女士找不到跟我朋友在一起的理由，然后把他踢出局。一个人如果不热爱财富，并且对财富没有兴趣，不愿意尝试热爱财富，认为钱是肮脏的，把钱称为“癞蛤蟆”，那么他将受到财富问题的困扰。他口中的“癞蛤蟆”很快就会离家出走的。反之亦然：

谁喜欢金钱、热爱财富，愿意在财富上投入时间，对它表现出兴趣，财富就愿意跟谁待在一起，并且会自我繁殖。

是否热爱财富，也会体现在一个人的言语上。是“金钱”还是“癞蛤蟆”？现在就让我们聊聊这个话题。

癞蛤蟆、黑炭、橡皮泥、面团……

政府官员在谈论金钱的时候会有其特定的方式。一个企业家的方式则可能是截然不同的。处于公司破产清算过程中的企业家，可能又会是另一种样子。老人护工、音乐家、企业董事、年收入 5 万欧元的人、年收入 50 万欧元的人……每个人谈论财富的方式都是不同的。我作为财富顾问，在职业生涯中倾听过成千上万的故事，我从实践中得出这个结论。而今，我有这个自信，如果我和你坐在一家酒吧里聊财富的话题，那么仅需 5 分钟，我就能猜到你的收入处于什么水平，误差不会超过 500 欧元。我能说出你是雇员还是自雇人士，你与财富的关系是不是良性的，你是否有债务。所有这些都是在你没有向我透露收入和财产的情况下我猜出来的。人们谈论金钱的语言与收入水平相关，因人而异，各有不同。

很显然，在与财富的关系问题上，语言是很重要的因素，而且其中的原因也不难理解：用什么样的语言来表达会强烈地透露出关系的好坏。我们如何谈论钱或者与钱有关的事情，比如当我们在屏幕上看到自己账户余额时？我坚信，我们谈论金钱的方式将会非常直接地作用于我们的财富。因为，语言是我们的态度，是我们与财富的关系的外化。如果我们对财富没有尊重和热爱，那么财富也不会来到我们身边，财富即便来到我们身边，也不会驻足。

你称呼财富的方式，会透露出一些东西。

有的人，可以说特别多的人，都会用不屑的口吻来谈论钱财，不管是直接的还是间接的方式。间接的方式就比如，他们会贬低有钱人，说他们自命不凡、贪得无厌、傲慢无礼。直接的方式就是，使用一些与非积极的印象相关的词语和概念，比如癞蛤蟆、黑炭、橡皮泥、面团。财富在很大程度上决定了我们的日常生活，因此在民间，也存在大量指代金钱的词语。

这听起来可能有些夸张："有这么严重吗？橡皮泥只是开玩笑的叫法。不要那么严肃。"确实，我们不应该过于严肃，但是语言的应用蕴含着某种真正的含义。在说出来之前，我们不会去推敲每个词，但是既然我们使用了这些词语，其背后就必然有原因。这些深层次的原因大多数时候都潜伏在我们的潜意识里。很多时候，我们不会意识到自己选用一个特定词语的动机，但这种动机是客观存在的。

在上述话题的基础上，我们可以有两个很好的选择，以便实现自我的进一步成长。

第一个选择是，通过改变我们的语言习惯，去改变我们与财富的关系。使用正面、积极的词语去谈论财富，之后会发生什么呢？你的观点、情绪、态度会随之发生改变。

第二个选择是，通过关注自己的语言习惯了解自己对财富的看法，以及迄今为止还存在哪些无意识的致富阻碍因素，想办法化解它们。

目前在德语中，对金钱的很多非常有创意的称呼正在被广泛使用。这种语言多样性已经成了一种现象，从言语中透露的折损和贬低也是如此。有时我会听到一些词语，它们让我感到很刺耳。例如，现在比较常用的一个词语：黑炭。这些词会将财富置于一种消极的印象中。当一个人希望与财富建立一种真正良性的关系，获得并守住财富时，这种印象是不利的。曾经，煤炭代表了温暖、舒适和富足。当看到有轻烟从烟囱里飘出来时，人们就会知道这是一间温暖的房子，住在里面的人很幸福。拥有很多煤炭代表富裕。实际上，第二次世界大战之后的一

"黑炭"让人联想到财富流失。

段时间里，煤炭曾被当作非官方的支付手段。时至今日，煤炭、焦炭、柴火以及煤炭的下游产物煤灰，仍然是深受欢迎且被广泛使用的金钱的代称。它们都源自燃料这个词域，但是现在，在经过了这么长时间之后，这些词语最初的含义已经逐渐被人淡忘了。

如今提到炭，大部分人想到的是厨房用炭。其他形式的炭已经很少有人能接触到了。人们常常联想到的是用来烤肉的炭。点火，烤肉，肉熟，人吃饱了，炭烧没了。如果我们用“黑炭”来指代钱，我们的财富会怎样？会像炭一样化为灰烬。把钱币称为“粉末”也是同样的道理。“粉末”一般指的是火花粉。这还是会让人有财富流失的感觉：人们引燃自己的财富。可以说，在这种词语概念的影响下，人们可能觉得财富是一种会从指缝中溜走的东西。那种认为财富会自我繁殖的想法估计已经荡然无存了。

到现在，“黑炭”和它的一些近义词只是我们在口语中贬低财富的诸多词语中的代表。财富就这样被敌对化了，用这种态度谈论财富的人是无法与财富建立良好关系的。还有很多的小动物，它们不得不在德语中作为财富的代称，这里可没有人广泛喜爱的那些小动物，反而更多是那些人们不喜欢，甚至反感的动物，比如老鼠、癞蛤蟆、蚊子、跳蚤、哈巴狗。

实际上，德语中 Mäuse（老鼠）这个词来自意第绪语 Meus（钱），但现在指一种小动物。Möpse（哈巴狗）一词是由古德语词 Mopp（纽扣）演化而来的。Bims（殴打）则是从街头词语 Bimbes（面包）演化而来的。从前，人们可以用面包换钱，面包对生存来说至关重要，在社会生活中与钱具有相同的意义。Kies（碎石）也有一个意第绪语词源 Kis（钱包）。Moos（苔藓）也源于意第绪语，简单翻译过来就是“钱”。我们用 Moneten 指代零钱，尽管它可以追溯到拉丁语 Moneta（当时是硬币的意思）。现如今，这个词听起来多少有些街头气息，因为一些街头题材的电影经常会使用这个词。同样，Peseten这个词听起来有些流里流气。Knete是橡皮泥的意思，给人软绵绵的感觉，Zaster是由街头语言“sast er”衍化而来的，意为吃掉。Moos和Heu（干草）本不是什么高大的植物，干草还会定期被人割掉。Eier（鸡蛋）也是金钱的一个昵称，是一种人们一口就能吃掉的东西。

严谨地使用与财富相关的语言可以让你更容易实现财富关系的优化。类似的情况在生活的其他领域也会发生。人们总是会小看自己以外的人，在这件事上几乎没人能免俗，我们能做的就是抓住每一个机会，让自己保持清醒，审视我们自身是否缺乏尊重。在这方面，语言可以帮助我们。缺乏尊重会伤害关系，甚至直接断送关系。在财富方面是这样，在面对一个人、一些人，或者更大的群体时也是这样，甚至在面对整个世界时也是这样的。我们一次又一次地在类似的循环中挣扎：对他人缺乏尊重、缺乏认可、没有礼貌、共情不足。所有这些问题都是我们在建立关系的过程中有可能出现的。语言既能帮助我们改善自己，也会作用于他人，经常是这样的。因此，从今天开始，让我们关注自己的言语吧！

语言会帮助我们改善自己，也会作用于他人。

当我们从语言着手时，其实有一些东西是我们可以很好地控制和影响的：

○ 第一步：我们要关注一下自己是如何描述财富的，以及自己是如何评论他人和事件、是如何独自思考或与他人谈论财富、是如何评价有钱或没钱的人的。我猜想，如果你正在读这本书，那就说明你与财富的关系还没有那么理想，你在语言方面一定还有提升的空间。

○ 第二步：从此刻开始，每每说到财富、企业、致富机会、个人、群体乃至世界时，你要保持言语积极、尊重、热爱。不要再对财富恶言相向。从你的个人词库中删除诸如黑炭、橡皮泥、癞蛤蟆、火花粉这样的词语。

○ 第三步：在改善自己语言的同时，请带上你的孩子和伴侣。这里有个窍门：在家里放一个钱箱。我们家有一个牛形的钱箱。它会提醒我们是否用词得当。孩子们，甚至是我们的朋友都是参与者。每当有朋友来我家串门，我就把“牛”拿出来，若有谁对钱出言不逊，或者讲其他人、同事或亲戚的坏话，他就必须交罚款，把钱放进“牛”里。

作为一家之主（无论是男人还是女人），你必须在家庭中建立和整合不同的与财富有关的社会责任、伦理道德、团队合作的观念和思维方式。如果你只发展自己的财富个性，任由其他人原地不动，这恐怕会让你的家庭逐步走向分裂。这就是我们必须让孩子们参与的原因。孩子对我们每个人来说都是非常重要的。我就非常重视孩子们。

我们学院也为 14 岁以上的年轻人提供课程服务，每次有这么年轻的孩子来听课，我都很开心。因为如果一个 15 岁的孩子参加了我们的课程，他就会有很大的可能在 25 岁获得财务自由，相较于同龄人，他有望为世界做出更大的贡献。而此时，他的同龄人刚刚结束学业或职业培训，正在开始第一份实习，一周苦干 40 个小时。

准时和倾听

我是这样的，如果下午 3 点我要做某个讲座的发言嘉宾，我会在

1 点到达活动现场。我为什么要这样做？因为我不想迟到。准时表达了我们对他人的尊重和高度关注。我们不喜欢让别人等我们，因为其他人的时间与我们的时间一样宝贵。我们不愿让别人感到狐疑或者焦躁不安，因为是我们自己决定要赴某场约会、见某个人的。因此，我们自然要善待这个人。

准时是表达尊重的形式之一。

如果我们出现得太晚，其他人会怎么想呢？他会开始思忖："为什么他没来？是我记错时间了吗？"于是，他又看了一下手机："他给我打电话了吗？我要不要给他打个电话问问？"或者更糟的情况："怎么回事？是我这个人不够重要，不值得他准时赴约吗？我是不是对他来说无所谓？"

准时也是尊重我们自己。不准时对我们自己也是不礼貌的，因为这等于将自己置于压力之中，你会担心万一在赴约的路上发生什么耽误时间的情况该怎么办。我就是这样，如果没有留出足够的缓冲时间，我马上就会感觉到有压力，万一火车晚点了呢？或者遇到道路维修需要绕行呢？

请从今天开始坚持准时赴约。这其实很简单，你马上就会发现这种尊重行为在人际关系中的效果，你也会察觉到这在你身上产生的效用。比如你的压力水平会降低，然后逐渐地，因为爱惜自己，不让自己总是赶场，你会拥有更高的自我价值感。即便它没有立即产生作用，你也会意识到并发现到底是哪里束缚或阻碍了你，你可以有针对性地解决这些问题。通过这些行为的改变，你会进一步自主发展自己的个性。一段时间之后，这样做的效果自然会通过你的收入体现出来。

请回忆一下，迄今为止你有多少次严重迟到的情况，然后，再回忆一下，当别人迟到的时候你有什么感受。我想大概就是焦虑、不安，也许还有烦躁甚至愤怒。你已经清晰地感知了自己对不准时行为的反应，因此，将心比心，你也可以更加清楚地意识到自己的迟到会对另一个人造成何种伤害，这些伤害经常是十分微妙、无意识的。

当你们终于碰面时，这个约会从问好和握手的那一刻开始就带着一些愤怒的小火苗。这肯定不利于会面成功。你也许听过这句话："第一印象决定一切。"见面的前 7 秒钟会给人留下决定性的印象，后续若要改变或扭转这个第一印象往往需要投入大量的精力，有些时候，可能最终你都无法成功地扭转这种局面。无论如何，道歉都不是一段对话的良好开局，它会使你一开始就处于下风。另外，如果到达得太晚，你就不能多给自己几分钟做会面准备了，如回想自己的谈话目标、思考接下来待人接物的方式。这样你将无法从这次会面中获得最大收益，因为你在谈话中没有完全集中注意力，没有对对方表现出充分的尊重和绝对的欣赏。

道歉不是开启一段对话的好方式。

相应地，事情的结果可能也不会太好：你更有可能不会得到梦寐以求的订单，对方也不会满怀热情地向别人推荐你，当谈到他们认识的特别优秀的人时，他们也不会第一个想到你。这些不会对生活造成多大的影响，但是会对财富产生影响。没得到订单如何影响财富，这很明显，不被他人推荐最终也会影响财富和收入，即使你不一定察觉得到。你为人处世的声誉更是难以衡量，但是声誉作用于价值，包括你对其他人的价值，以及你赋予自我的价值，它们同样会以财富和收入的形式体现出来。

与之相对，如果你能准时赴约，又会是什么情况呢？如果提前几分钟到，你就会感受到这种行为为你带来多少认可。别人看你的眼光会完全不同，尤其是那些重视尊重的人。他们会觉得："这是一个很尊重我的人，这多么令人高兴，我对他来说是重要的。"随后，这会产生积极的效果，或许他会对你产生更大的兴趣，因为他觉得自己被充分尊重了，这让他感到身心愉悦，于是你跟这个人有了更多的合作机会。他可能“恰巧”是一个在财富个性方面比你造诣更深的人。渐渐地，你会融入一个新的环境，在这里，尊重、（自我）认可和信任被赋予了更高的价值，在人际交往以及与财富的关系方面都是如此。也可能“恰巧”，这个新环境蕴藏的财富更多。日积月累，你会越来越清楚地感受到这一点——起初是惊讶，后来你就会自主地去适应这个新环境中的行为方式。

长此以往，你的内心会产生很多变化。你可能会更敏感地意识到自己在哪些场合还没有表现出足够的尊重。你会问自己，到底是什么因素致使我产生这样的行为方式？你可能会回忆起自己在幼年时期或青年时期的一些生活场景：那个时候你还小，在家里被大家当作多余的“小尾巴”，你的父母或兄弟姐妹对你并没有表现出尊重。你的原生家庭环境是缺乏尊重的吗？大家是想来就来，想走就走的吗？父亲会准时回家吃饭，享受珍贵的与家人相处的时间吗？你早起上学的时候，母亲会早起陪伴吗？还是你的父母经常会宿醉不醒，你需要自己定闹钟起床，自己准备早饭？

如果家庭环境是缺乏尊重的，你可能已经习以为常，并适应这样的环境了。然后，你的行为就会与原生家庭如出一辙，因为你觉得事情就应该是这样的，然而，别人也会因此觉得没有必要去尊重你的边界和你的宝贵时间。现在，你可以更多地关注准时和尊重这些话题，去思考、体会自己的感受和观点，你现在可以尝试着有意识地去做一些你之前从未留意的事情。你会越来越多地注意到自己在这个过程中微妙的变化，随着时间的推移，你的感知会变得敏锐，行为也会发生变化。你不会再留恋旧习，新的行为方式将吸引你的注意力。最终，这些新的行为习惯会在你的日常生活中扎下根来，因为你的感受和知觉与从前已经不同了。

除了准时，还有另一个特质也与尊重有关，而且可以迅速创造财富，那就是倾听。当你带着极大的兴趣和完全开放的态度，真诚地倾听孩子们的想法时，你觉得，你与孩子们的关系将发生怎样的变化？如果你能正确地倾听伴侣的心声，会发生什么？如果你能正确地倾听客户的心声，又会发生什么？

倾听可以迅速创造财富。

总是有人找到我，对我说："我干不了销售。"

我对此的回答总是一样的："那是因为你没做到良好地倾听。"

如果你能够仔细倾听伴侣、客户或者合作伙伴的话语，你就知道他们到底希望从你这里获得什么了。

我已经强调过：良好的关系是需要时间培养的。尽管只有时间是不够的，但时间确实很重要。因此，我们要有耐心。在建立关系方面，耐心是一种美德，然而有些人根本没有这种品质。就比如没有耐心的人，他们在三周完美的恋爱关系之后，就想同居，下个周末，就想和未来的岳父母见面，幻想着大家一起围坐在客厅的桌子旁了。一件事如果开始得很快，那么大多数时候，它同样会结束得很快。与此类似，有些人在财富方面也缺乏耐心。我的讲座中总有这样的学员，他们特别没有耐心，培训结束一周后，他们已经开始在证券市场上亲身实践了。我在课上反复对学员说："我们至少需要半年的时间去积累经验、练习、学习、犯错，否则你一定会损失金钱的。"

但是有的人偏不听，他们一周之后就开始行动了，让真金白银打了水漂。然后，钱就没了。

时间有两个维度：一是单纯地让时间流逝，这样某些东西才能成熟；二是与时间共处。二者我们都可以直接应用到财富问题中来。首先，我们必须决定是否将财富作为我们当下生活的重中之重，笃定地关注财富，认可财富的重要性，愿意为之做出改变。然后，就是让时间发挥作用了，例如每周抽出一次或两次时间，处理与财富有关的事情。也许，选择一个固定的时间更好，因为这样就不必每天都感受到压力。

你可以晚上拿出保单文件夹，带着极大的好奇和兴趣翻阅一下你拥有的各类保单，然后你会非常开心："哇！看看这都是什么！它们简直像电视里的保险代理人凯撒先生一样可靠啊！"这样做之后，你就可以粗略地掌握自己有哪些保险，进一步厘清自己的财富状况，对财富给予足够的重视，再加上你与财富已经建立的良性关系，你将进入一片崭新的天地。

在生活中实践我在本章阐述的与尊重有关的内容吧！当我们可以做到如此与伴侣、与子女、与其他人相处时，无论他们是不是我们所爱之人，我们的生活都将与从前大不相同。

尊重会让你的生活大不相同。

另一个因素也有助于我们形成良好的财富个性。与尊重一样，它是一种对待财富的基本态度，也是对待生活中其他问题和挑战的态度。它就是游戏。游戏？让我来详细解释一下。

将过程视作一场比赛

那是在我刚认识我妻子不久后的一个下午，我们舒适地靠坐在一起，雨时不时地扫过窗玻璃。我觉得那一天我们都应该感谢防雨住宅这种伟大的发明。我们任由思绪飘荡，时不时会有人说点儿什么。但是不知为什么，我好像感到有些不自在。

“亲爱的，咱俩不考虑去一趟你海边的度假公寓吗？”她问我。

我望向窗外。外面不仅湿漉漉的，而且看起来非常冷。11月的天气。

“哦，是这样，你要是想看看那个房子，我们当然可以去啊。但是，我们确定要现在去吗？还下着雨呢。我们顶多可以在周围散步一个小时，之后就只能待在屋子里了。”

“嗯，”她说，带着美好的微笑，“但你知道吗？我们可以带些东西去的。”

我突然就来了精神：“带什么？”

“我们可以带骰子啊。”

我马上兴奋起来。

“骰子游戏？太有意思了吧！”

然后，她又露出了那种我爱的微笑。

“但是，不是普通的骰子游戏噢！”

“不是那种 4 个或者 6 个骰子的游戏？”

“不，不是，”她说，“我们玩掷骰子脱衣服的游戏。”

于是，我们驱车去了海边的度假公寓，天气果然没让我们失望，甚至连一个小时的散步机会都没给我们。

她从旅行包里拿出了骰子。

“亲爱的，我们开始吧！”

于是，我迅速吞掉早餐，在桌旁坐好。骰子游戏开始了。这是一场对抗赛，不需要记录比赛结果。双方轮流掷骰子，赢的人不用脱衣服，输的人需要脱掉一件。比赛进行了一轮又一轮，我一直处于优势，最后只脱掉了一件 T 恤衫。

她开始生起气来：“我必须说，你这个人太难搞了。”

“不不不，我可不难搞。我只是很喜欢玩游戏。”

最后一轮，我说了一句话，她似乎变得非常茫然。我说：“亲爱的，你玩游戏是图个乐和，而我不光要乐和，我还想赢。”

骰子游戏与财富：感受乐趣，也要有胜负欲

无论是玩骰子游戏、《大富翁》、其他类型的棋牌游戏，还是处理财富问题，我都鼓励你，从今天开始，既要从中体会快乐，也要想着如何能赢。因为，致富从本质上来看也可以说是一场比赛，而且是一场非常严肃的比赛，对很多人来说，这事关生存，一点儿都不有趣。但是，比赛本来就是这个样子。可能赢也可能输，输了你就长记性了。有些人在小时候玩游戏时就已经明白这个道理了。棋牌游戏是一个了解失败的绝佳机会。我在游戏中也总输。

> 致富从本质上来看，也可以说是一场比赛。

但是，只要参与游戏，就有赢的机会，为了赢，我们或多或少都可以做些努力。即便是一个做老年人护工的单身妈妈，在有利的条件下，加上对的知识、对的心态和对的财富行为，她也有成为百万富翁的机会。与其他比赛一样，在财富比赛中，好运和厄运各占一半。但是，财富比赛可不像《德国十字戏》游戏那样，策略部分对结果的影响几乎可以忽略不计。财富比赛需要知识、经验和直觉，以及对与金钱有关的情绪、思想、态度、观念和行为方式等复杂问题的处理能力。

我们学院的很多学员，在这种本应是乐趣与胜负欲共存的财富比赛中并没有展现出强烈的对胜利的渴望，就像在《大富翁》游戏里面对租金最低的地块时的心情一样。尽管他们来参加我的讲座意味着他们已经

开始向赢的方向发展了。也有些人，他们根本就不参赛，他们觉得在加班做完堆积如山的工作之后，已经没有精力再去考虑财富的事情了。他们认为能把自己的犯错率降到最低就不错了。还有些人，他们难以相处、善妒、贪婪、胆小。在面对这些情况时，我都会认真对待。

为什么在面对致富竞赛的时候，有那么多人缺乏胜负欲呢？难道他们在人生中没有学习过何为比赛？也可能是因为，他们被教导过，财富是邪恶的东西。哪会有人想要去赢得被禁止的、不洁的、危险的或者遭人谴责的东西呢？尽管这种情况业已存在，我还是要再说一次：财富不是邪恶之物，而是中性的。问题的关键永远是，我们如何使用财富。

享受乐趣且争取胜利的这种比赛心态，我希望你能获得。我认为这意味着，我们要在享受乐趣的同时，加入明确的策略、目标和愿景。两个国家大部分的人，甚至这个世界上大部分的人，工作都是为了去踩自己的“仓鼠轮”，而不是为了赢或者获得成功。但是，如果想实现财务自由，想获得财富，你就得有明确的目标。无论你的收入是 300 欧元、3 万欧元还是 30 万欧元，都一样。如果我们想改变自己看待财富的态度，就需要一样东西——乐趣。我希望你能获得那种感觉，在创造财富的过程中享受乐趣。你的头脑中现在可能还没有建立这种思维。你在想到与钱相关的问题时，自动关联的是压力和焦虑，而乐趣、喜悦和正能量只有一点点。通过这本书，我要向你传递一个思路，那就是财富能带来乐趣。

财富带来乐趣！

综上所述，感受乐趣，但是也要有胜负欲！在骰子游戏的故事里，我和我太太唯一的区别就是胜负欲。这种区别乍一看没什么大不了的，但其实它的寓意十分深刻。

《大富翁》游戏与自我认知

我想给你推荐一个能够促进财富个性发展的极好的工具。在此之前，我先总结一下本书这一章的观点：如果想在财务自由方面有更成熟的心态，如果想更好地管理财富，那么良好的自我认知是必要基础。为此你要开始学会接受真实的自己，爱自己本来的样子。这样，你才能明白，在一生中，你缘何做了某些事情，为什么你成了今天的你，成了当下的样子。这种自我认知会促进个人收入和资产的增长——最终沉淀为财富储备。我几十年来研究财富问题取得的最重要的认知之一是：

行动起来，去理解、体会、研究自己到底是一个什么样的人。

确实有一个很有用的工具可以帮助我们培养财富比赛的正确态度。你可能已经猜出来了。对，一个游戏——《大富翁》游戏。

你如何玩策略类游戏，你就如何过人生。

基于自己过往的游戏经验，你可能对《大富翁》游戏已经有所了解，至少你听说过这个游戏，因为它确实很有名。我一开始就讲过，我从小就和家人们玩这个游戏，直到现在，我还是很喜欢。我也推荐你尝试一下这个游戏，你可以通过它了解并优化自己对财富的态度。《大富翁》游戏可不仅仅是一个无关痛痒的娱乐类游戏。通过它，你可以深刻地了解自己以及自己的财富观念，继而解读整个生活。在某种程度上，过日子跟玩《大富翁》游戏、扑克或者《卡坦岛拓荒者》游戏等所有这些策略类游戏一样。如今，桌面游戏不如计算机游戏火，但是我小时候只有桌面游戏，它们也有很多优点。目前，《大富翁》游戏也提供电脑版和手机版了，你可以自由选择。

我先用几句话介绍一下《大富翁》游戏：它是世界上最成功的游戏之一，被翻译成40多种语言，远销100多个国家。纳粹德国时期，德国国家社会主义宣传部部长约瑟夫·戈培尔曾于1936年禁止该游戏，因为他认为这个游戏具有“犹太投机性质”。民主德国也禁止过这款游戏。具体原因是什么？在游戏中，每个游戏者会获得一笔固定数额的启动资金，然后按照顺时针方向在游戏板上移动自己的游戏棋子。可以使用游戏钱币去投资或者交易，买卖地块，支付或收取房租，通过建造房屋或酒店使地块升值，还要缴税。这就与现实中的财富和人生一样。玩这个游戏的最终目标是打造物业帝国，把其他玩家挤破产，最后拥有最多的财产。为此，游戏者需要尽可能多地取得物业所有权，这样当有其他人掷骰子落在属于他的地块上时，他就能收取租金了。德国版《大富翁》游戏一共有22块土地、4个火车站、一个发电厂和一个水厂。

我和其他3个人围坐在那张大木桌子旁边的情景，至今还历历在目：我父亲坐在一边，另一边是我母亲、我的双胞胎兄弟和我。我们一起玩这个20世纪60年代的游戏。我父亲买回来的这款游戏是一个方形的纸盒，中间有一个木制十字架，没有塑料做的东西。在游戏板的一边，摆放着已经归好类的游戏币，面值从小到大。在我们把启动资金分好之后，第一轮游戏就开始了。首先，我母亲掷骰子：她到达哪个地块了？租金最低的那个地块：她买下了这块地。

我坐在桌旁无法理解：“她为什么这么做？”但我没有让其他人看出来我在想什么。谁见过有人玩《大富翁》游戏，是靠买下租金最低的地块赢的？我母亲坐在那里很开心，因为她买到了一个地块。第二个出场的人是我父亲，他掷出了5点，于是他来到了火车站地块，但是他没有买。一个人如果拥有了一个火车站地块，那么当有人来到了这个地块上时，他能得到什么？500个游戏币的租金收入。如果他买两个火车站，租金就是1 000个游戏币。买三个火车站就是2 000个游戏币。但是如果四个火车站都归一人所有，那么总租金将是4 000个游戏币。

我曾在演讲中向听众发问：什么类型的人会买火车站呢？大家总会回答我：公务员。这个游戏包含火车站地块，肯定是因为火车站与公务员的德语单词首写字母都是B，我坚信。还有另外两个以B开头的地块Basserwerk和Belektrizitätswerk呢！[1]专业玩家们，你们是不是见过有人拥有了租金最低的地块、火车站和水厂之后就赢了？

下一回合开始。又轮到我母亲了。她先掷出了一个滚动双打，然后是一个5点，到哪个地块了？是“免费泊车位”。到达这个地块的人可以向其他玩家收取罚款。然后，轮到我父亲掷骰子，这回他扔出了一个8点，走到租金最高的地块。他深摸了一下口袋：“这块地多少钱？”

买Schlossallee，别买Badstraße。

游戏就这样进行下去。我总是赢。

时间过了这么久了，我们当年的游戏盘已经找不到了。但是，我还是想向你推荐这种玩游戏的思路。请想象一下，如果在玩这个游戏，那么当你买下租金最高的地块时，观察一下其他买了租金最低地块的玩家也很重要。你可以感受一下自己的内在，发掘自己读心的能力：买租金最低地块的人是如何想的？也许，都不用你猜，他自己就会说出他对购买租金最高的地块的看法。比如他会说：“哇，你不是在开玩笑吧！”你在租金最高的地块上花了8 000游戏币，然后，你

1　此处是德语中两个错误拼写的单词，正确的应是Wasserwerk（水厂）和Elektrizitätswerk（发电厂）。作者采用诙谐的表达，表示自己并不相信前一句中火车站和公务员的关联。——译者注

会发现，这个地块上若是再有一家酒店，那租金得有多贵。你坐在那里，一边把地块卡片收入囊中，一边看着他神经兮兮的样子，你想："年轻人，你说得全对，这块地确实贵，但是你看着吧，但凡有一次你掷骰子掷到了我这块地上……如果这块地上再有一家酒店，你就得交给我 4 万游戏币了。"

随着《大富翁》游戏故事的结束，第 3 章已经接近尾声了，这个故事也是本书下一章的完美导引。在下一章，我们会具体地看一下人是如何将财务自由掌握在自己手中的。你会了解证券市场是如何运行的，以及如何学习证券交易。在此基础上，你有机会在工资收入之外获得其他收入。随着时间的流逝，在没有增加工作量的情况下，这部分收入在你总收入中的占比会越来越大。这样的话，你就相当于为自己打造了一种基础收入，它会帮助你摆脱脚下的"仓鼠轮"。现在，就让我们去看一下证券市场可以如何丰富我们的生活。

4 做自己的银行

练习投资

星巴克的拿铁玛奇朵售价特别贵，不是吗？大家可以一边喝一边抱怨。但是，大家也可以买些星巴克的股票，这样下次站在星巴克柜台前发现咖啡又涨价了时，反而会感到很开心，你觉得怎么样？

摒弃股市偏见

我认为，有一种现象很值得关注，很多人一边对我们的经济制度不满意（尤其不满意董事会成员的工资和上市公司的利润），但是另一边，他们又会去购买并使用这些公司的产品。这是自相矛盾的行为。更值得关注的是，这些人不想抓住机会从这些公司的盈利和发展中分一杯羹，就好像买股票是一件多么骇人听闻的事情一样。人们可以选择去抱怨星巴克或是苹果公司的产品售价太高，也可以选择在买一个漂亮的苹果笔记本电脑的同时买些苹果公司的股票，这样既能享受产品的功能，又能在股价上涨的时候小赚一笔。

尽管很多人生活在资本主义经济体系中，但是，他们或多或少都在抵触资本主义经济最重要的原则，那就是：

在你觉得有价值的事情上投资，将来你就能分享盈利。

为了实践这项原则，我们需要对股票市场的运行机制有一个基本的掌握，我们需要有技术和策略方面的必要知识，这样我们才有能力分享盈利。然而，德国大部分人对这些知识是缺乏的。没有人拉着他们的手告诉他们："注意，它其实是这样运行的。"谈到这里，我们又回到学校教育的话题上：教学大纲确实没有关于股票市场的内容。我们无法参与股票市场的原因是我们不知道要怎么做，我们甚至都没有意识到自己缺乏这方面的知识。

教学大纲上没有关于股票市场的内容。

我们需要立即放下对股票市场的抵触情绪，这种情绪在德国尤为显著，并且建立在误解和无根据的偏见的基础之上。斯图加特证券交易所和德国证券研究所2019年开展的一项调查[1]显示，很多德国公民对股票、股权投资以及实操股票交易存在很大的偏见和误解，尤其是那些还没买过股票的人。股票是重要的投资和融资工具，也是养老金重要的补充和保障。尽管这两点现在已经很明确了，还是有很多德国人不愿意承认，单纯依靠国家发放的养老金养老对很多人来说是不够的。既有偏见是根深蒂固的。

很多人对所谓“股市迷”的印象是：人心不足蛇吞象，这些人瞎赌，今天能赚一大笔钱，明天就能全赔没了。另一个积重难返的错误认识是，股市是给经济学专家准备的，普通人没有接受过银行知识的培训——这里可不光指数学，根本没有机会从股市中赚钱。尽管有些人自学并掌握了一些策略和方法，但也没什么用。

所有这些偏颇的观念都没有得到现实的印证，但想要降低其影响力并不容易。前面提到的调查研究也证实了这一点：德国人对股票的怀疑态度不会自行消散且很顽固，即便人们已经听到其他合理的观点，或者看到其他国家的私人投资者在股市上活跃的行为。我尝试着在让人们对股票交易有全新的看法这件事上贡献自己的一点儿绵薄之力，我希望看过本书后，人们可以改变自己的偏见、有局限性的信念、错误的财富价值观，以及抗拒财富的态度，培养正确的财富心态和财富行为。只有这样，我们才可能有能力去评估某家公司，或者其他可能创造财富的机会，才能采取相应的行动步骤。

长期来看，股票投资获得可观回报的可能性很高。

如果我们看一下统计数据就会知道，股

1 斯图加特证券交易所和德国证券研究所：《更多的德国股民——消除偏见和误解》（*Mehr Aktionäre in Deutschland–Gleichgültigkeit und Missverständnisse überwinden*），出处详见 www.dai.de。

票投资有获得可观回报的可能性，尤其是长线投资。没有人能够预测未来，但是，过去到现在的发展情况却是人人都可以看到的。我在前面已经提到，回顾过去的120年，人们从股市中获得了很可观的投资回报，回报率要远高于不动产市场或者其他投资领域。

让我们具体地看一下“股票交易”，尽可能一劳永逸地消除所有偏见和顾虑。整个财富话题都不难理解，股票交易也一点儿都不难懂。大部分人面对财富相关的问题时都会有畏难情绪，刚开始接触股票交易的时候也会这样：我觉得，这个很难，很复杂，有风险，不好。这只是因为我们还没有学会。在掌握了基本知识和必要的操作方法之后，所有人——只要是对股市感兴趣、会算数、会使用计算机的人——都能进行股票交易。

再也没有比现在更优越的学习条件了：现在，只要是有计算机、能上网的人，就可以开一个股票账户，挂靠一家股票经纪公司，然后就可以买卖股票了。股票交易是分享跨国公司巨大经营收益的最直接的手段。不富裕的人也可以加入。不要再抱怨了，不要再盯着其他人更高的工资或者收益眼红，你也来分一块蛋糕吧！

四大投资类别

在这一章，让我们研究一下股票市场的具体实践。当然，要让你在股票市场游刃有余，光有我的提示肯定是不够的。学习股票交易，光是看一本书的四十几页是远远不够的，尤其是这本书的重点还是围绕财富个性和财富行为的。我们应该如何学习新事物呢？我们至少需要一本启蒙图书，或者一门在线课程。然后我们还需要更多指导原则：我们需要有效的引导，让我们可以提问、尝试、试错、总结，我们可以大胆地去学习，因为旁边有人支持我们。通过聘请教练可以获得一对一的指导，或者集体学习也行，还可以参加讲座。积极利用这些学习机会，才能有所提升。

我再强调一次，人必须学会打理自己的财富。你不可以假手于人。你肯定对银行、保险公司或者投资公司很熟悉。这些公司都是靠管理第三方资产获得收入的，意思是它们需要赚利息收入、投资回报、附加费或者其他费用。它们有自己的利益点，那就是赚你口袋里的钱。一个独立咨询师想卖金币给你的时候，他就会说："现在黄金是大热门！"不动产销售员会对你说："年轻小伙子、小姑娘，你们需要房子，只有房子能保值。"他当然会这样说！王婆卖瓜，自卖自夸。

我的动机与其他人不一样：我已经实现财务自由很久了，但是我知道，大部分人虽然现在还年轻，但是等他们老了以后，某一天打开自己的存钱箱，他们会发现，自己的养老钱根本不够。但是那时候，他们已经没有第二次机会了。这就是我的第一个动机：我希望帮助他人，让人们在年老时有足够的钱生活；我希望帮助他人，让他们可以尽早从股票市场中获得第二份收入，这份收入会让他们更加趋近财务自由，这样他们就可以从"仓鼠轮"上跳下来，有更多时间去发现人生的真谛。我想让大家都具备过上财务自由的生活的能力。

> 如果我们已经老了，我们就没有第二次机会了。

花钱的道路千千万，挣钱的道路就两条：

1. **工作**。这是我们从事大部分工作时的惯常想法。这句话的实质是：用时间换钱。
2. **让钱替我们工作**。意思是，我们把钱拿出来做投资，然后从投资中获得收入。这句话的实质是：用钱生钱。本章讲的正是如何通过投资让自己的钱生钱。

投资有各种类型，在此，我只提炼出其中四种最大且认知度最高的类型，这样你就可以大致对比一下，看看它们各自的优点和缺点。你已经知道，我个人最倾向的是第四种投资类别：股票。

1. **存款。**第一种投资类别是存款。此处我指的不仅仅是定期存款，还包括一切属于储蓄范畴的资金，比如活期存款、银行卡里的钱等。到目前为止，德国银行为存款提供灵活的存期，也不收取任何费用。但是，这种情况在短时间内可能会发生改变。目前，限额以上的存款已经是负利率了。欧盟的大部分银行为客户的存款提供最高10万欧元的存款保险，即在极端情况下，银行将通过法定和自愿措施保障10万欧元以内的存款的资金安全。是否真能做到还有待观察。存款没有最低额度要求，你只存7欧元也行。但存款也有缺点：存款不是实物资产，因此，如果出现货币改革或其他变动因素，它就存在失去价值的可能。存款不具备抗通货膨胀的属性，利率也比较低。当你的钱属于应急资金时，就是说，如果你想预留够花几个月或者一到两年的资金，那么存款是一个正确的选择。但是，如果你还不确定将来养老的钱够不够用，存款就不应该是你唯一的投资形式。
2. **不动产。**第二种投资类别也是家喻户晓的，它在德国很受欢迎，并且有很好的名声，那就是不动产投资。我父亲是经营建筑公司的，他很早就告诉我："年轻人，别光玩儿股票，做点儿更明智的投资。"明智的投资在他眼里指的就是不动产。不动产的优点很明显：稳定性高，情感价值高（"家就是我的城堡"），有助于税务规划，通常可以抵抗通货膨胀。如果买的是自住房，你就无须出去租房了。出租房产也可以获得规律的租金收入，且房租有上涨的可能，目前在一些城市和地区还没有设置租金上限或者出台类似的规定。

投资不动产也有缺点：财产税高，现金流动性低，位置固定，长期资金捆绑，以及需要额外的成本，比如维护费用和管理费用。出租房在 10 年后才能免税出售，自住房对时间的要求会短一些。不动产在大部分情况下只能整体出售，且需要一个漫长的销售过程。如果遇到了经济危机，我们的不动产将面临哪些风险？第二次世界大战后，房地产的财产税显著提高，目的是缩小贫富差距。产权所有者被征收重税。此外，不动产投资的回报率不是特别高。目前，投资回报率通常为 4%~9%。如果你现在只有 40 多岁，养老的压力没有那么大，你可以考虑收益率在 5% 左右的不动产投资，虽然我认为这个收益水平太低，跟把钱直接存在银行没什么两样。“想要有一个属于自己的避风港湾”这种愿望不应该作为投资不动产的原因。人在哪儿，哪儿就是家。无论我、爱人和孩子们身处世界的哪个角落，我们在一起的地方都是家。不要将家与房子这两个概念捆绑在一起。拥有一套自己的房子并不能证明你的财富状况，你也不需要靠房子彰显身份。我认识很多人都特别富有，但是他们至今还在租房住。

3. 大宗商品。第三种投资类别是大宗商品，如铂、金、银、钻石等等。在大宗商品投资具有什么优点方面，我跟其他人的观点一致。金融危机期间，悲观的预言家都推荐购买大宗商品，因为在人们恐惧的时候，钱就是很好赚。他们会说：“买黄金。就算到了世界末日，黄金仍然是值钱的东西。”在这一点上，黄金和不动产的属性差不多。然而，在过去的 40 年间，金价的变化都能算得上一个笑话了，黄金没有为投资者带来任何回报。第二次世界大战后，人们又对黄金做了什么？个人被禁止持有黄金。在极端情况下，若我们的世界即将被彻底颠覆，那到那个时候，世界上除了蟑螂，什么都不会剩下。为什么偏偏是蟑螂？因为蟑螂是地球上已知的生命力最顽强的动物之一。可惜蟑螂对黄金、钻石都不感兴趣。

4. **股票**。现在我们来看看第四种投资类别——股票。你已经知道，我热衷于投资，并且我是通过股票投资富裕起来的。经常会有人问我的资产分布情况。这个我一句话就能回答：我有一栋房子、一个海边度假屋，除此之外，我把财产的绝大部分都放在股市和我自己的公司里，还剩一些用于流动性投资。我为什么这样做？因为我善于投资股票。我现在就是希望让尽可能多的人学习股票知识，从股市中获益。

> 我是通过股票投资富裕起来的。

股票的优点有哪些？首先，长期来看，我们能够从股票投资中获得非常高的回报。公司股权就是实物资产。通过购买股票你获得了公司的一部分股份，并且投资于生产资本。股票投资可以抵御通货膨胀，并且可以实现快速交易。这样，我们就获得了很高的安全性和很大的选择空间，最重要的是，我们可以通过互联网在世界任何地方管理这些投资。

但是，股票投资也有缺点。你不可能“一蹴而就”，立刻学会如何在股票市场进行投资。跟风进入股市的都是什么人？一般都是无法控制自己欲望的家伙，而且通常是因为有某个“聪明”的人曾跟他们说：“让我告诉你股市是如何运作的，半年后你的账户里就会有第一个一百万欧元。”大部分德国人是不炒股的，因为他们没有学习和了解过股市，无论是在技术上、策略上还是心理上，他们对股市都没有把握。他们听说过很多传闻，谁又成了贪婪和焦虑的受害者，谁又犯了决策错误。听完这些，人们更不愿意了解股市了。这很容易理解。

不要害怕股市崩盘

撇开其他所有对股市的偏见，很多人还是会有一个担忧：害怕股市崩盘。让我们回忆一下 2008—2009 年的金融危机：人们随处都能看到图表上直线下降的股市曲线。那么你怎么还说股票具有抵抗危机的功能？对此，我是有很清晰的评估的，几十年来我一直坚持并传播这种观点，目的是让人们做正确的投资，这样他们才能度过危机。因为下一次危机早晚都会到来，我们应该时刻（即便是在和平年代）做好准备。

> 下次危机肯定会到来。

金融危机意味着什么？那时会发生什么？作为一个个体，在这样艰难的时期，做什么才能保护自己的资产不受损失，才能有足够的钱生活？我们是否有可能在危机中全身而退，甚至让财富变得更多？

首先我们看一下中央银行，比如欧洲央行、美联储或者其他中央银行在危机中会采取哪些措施。中央银行负责制定和执行货币政策，稳定货币价值和市场价格，此外，还履行银行监管职责。在金融危机中，中央银行可能采取的措施之一是降息。这些年，中央银行一直在大规模降息。20 世纪八九十年代，利率是 10%，随着时间的推移，现在降到了差不多为零，甚至有一些国家已经出现了负利率。利率调节手段已经没有多少发挥作用的空间了。

中央银行可能采取的第二个措施是购买债券。它们也确实是这样做的，这种方式自2008年以来就没有停止过。中央银行每个月都会购买大量债券，如数十亿欧元或美元，否则市场上就会出现买家不足的局面，市场可能会濒临崩溃。中央银行也可以购买股票，但迄今为止它们没有买过。除此之外，中央银行可以通过降息或者采取极端的"直升机撒钱"政策刺激社会消费。"直升机撒钱"就是扩大货币供应量，将新印的纸币直接交给国家或公民。

最后一个可选择的措施是买入重要的企业，即实现所谓的国有化，以便使这些企业继续发挥作用，保证系统不至于陷入全面崩溃。以下领域和行业是其中比较典型的：食物、水、能源、银行、交通、健康、化学。德国联邦政府在2008年金融危机期间大规模地购入了德国商业银行的股份，时至今日也是其最大的股东。人们会说："看在上帝的分儿上，国家插手了一回经济，然后赔了一大笔钱！"在我看来，这是没把问题想透。想想看，如果国家不这么做会怎样？如果这些关乎国计民生的企业倒闭了，我们还有食物果腹，还有能源取暖吗？我想，每个人都清楚答案。

此外，国家还可以直接对经济体系产生影响，国家可以为小型公司和大型集团提供保护政策，如拨款资助、流动性支持、延迟缴税和其他优惠。

> 通货膨胀本身并不是什么坏事。

以上这些措施带来的结果是什么？通常，如果国家开始刺激经济，时间久了，结果只有一个：通货膨胀。历史上这种情况屡见不鲜，这可不是我胡编乱造或者从水晶球里看到的。那会发生什么呢？货币资产会增加，相应地，实物资产会减少。首先，通货膨胀本身不是什么坏事，它只意味着货币贬值：负债和货币资产的价值都变小了。对有很多负债的国家和个人来说，通货膨胀还有好处呢。通货膨胀意味着我们摆脱了一些债务。2% 的通货膨胀率就很好。国家的立法者不会对这种水平的通货膨胀率感到焦虑。

以德国为例，德国对欧元区其他国家的债权余额为 9 420 亿欧元。这意味着，包括德国在内的一些国家在为其他国家提供融资，比如意大利或者西班牙，它们的待偿债务达到了 4 500 亿欧元。德国整个国家和一些地区也有债务，不来梅 2018 年的居民人均债务是 1.8 万欧元。

1800 年以来发生了许多早已被遗忘的国家破产案。德国和奥地利曾经破产了 7 次，希腊 5 次，意大利 1 次。国家破产并不罕见。面向国家、企业和公民的国债一直存在，货币改革也一直存在。从长远来看，货币的动荡变化是无法避免的。这种情况随着社会的发展变得更常见。我亲历过一次货币改革：德国马克改欧元。民主德国的人已经经历过两次了，第一次是民主德国马克改德国马克。我不相信我们能永远使用欧元，因为一场巨大的危机迟早会到来，这会促使一个国家的内部团结起来。

我们能从中得出何种结论？让我们分析一下 1948 年的货币改革，当时颁布的《转轨法》要将帝国马克兑换为德国马克。通过这个事例我们可以看出，有些投资在货币改革中是会吃苦头的。个人资产，例如当年的帝国马克，是以 100 帝国马克比 6.5 德国马克的比例完成兑换的。如果一个人之前有 10 万帝国马克，那么兑换之后他就只剩 6 500 德国马克了，直接损失了全部资金的 93.5%。债券和人寿保险也是如此，兑换比例是 100 ∶ 6.5。传统的货币形式——枕头下的现金、转账账户或者定期存款里的钱、养老保险、房屋储蓄合同、人寿保险，所有这些德国个人投资者会采取的投资形式，原则上都缩水了 93.5%。因为那时钱已经不值钱了。

结论就是（我已经念叨25年了）：请投资实物资产。原因是，实物资产是1∶1兑换的。如果你有一处房产，那么房产价格是多少并无意义。货币改革之后，你还是拥有这处房产。汽车、家具、首饰、大宗商品，以及金、银、铂等贵金属都具备这类属性。长期来看，实物资产优于货币资产，股票投资也符合这个道理。尽管国家立法者可能会尝试增收财产税或禁止私人持有黄金，但原则上这不会让你损失资产。

实物资产打败货币资产！

当思考股票投资的问题时，我们可以从以下思路入手：只要我们相信地球的长期发展，相信世界的未来，相信人类的进步和成长，只要人类的日常需求是长期存在的，那么满足这些需求的公司和企业集团必将长期存在，因此没有任何投资会比实物投资更有意义。

说到日常需求，我无法想象一个人对我说："菲利普，这次金融危机太可怕了，我已经两周粒米未沾、滴水未进了，我上次洗澡还是12周前。"我们需要不断进食、喝水、洗澡，我们需要药品、能源和化学制品。因此，我们需要持续购买这些商品。就算时运不济我们还是会坚持，希望最终能安然渡过难关。随着人口的持续增长，经营这些商品的公司也会发展壮大——只要它是一家健康的、定位良好的公司。在遇到危机时，我们可能不会再买古驰手提包、劳力士手表、法拉利或者保时捷跑车，但依然会进行满足日常所需的消费活动。因此，在我看来，最简单和安全的投资是那些产品满足日常需求的世界级领军企业，如能源、物流、交通、医药、化学、食品、水和清洁等行业的头部企业，在危机时期也是一样。如果我们买了这类公司的股票，长期来看我们就会因此获利。

因此，在交易股票时，崩盘对我们来说并不是真正的威胁。相反，我们却有可能在股市崩盘时通过股票交易为未来的高收益埋下伏笔。回溯并分析之前的几次金融危机，我们会看到，从2009年开始，股票指数是上涨的。2020年初，我们遇到了“Hausse”（长期的股价大幅上涨），即“牛市”。与之相对的概念是“Baisse”（长期的股价下跌），即“熊市”。在用长远的眼光看问题时，我们需要考虑股市的周期性。一个周期包含一个牛市和一个熊市。当股市崩盘时，根据投资者的恐慌反应，股价可能在很短的时间内迅速下降40%，甚至90%。这乍一看很恐怖，但是长期来看也没什么。人必须具备更长远的眼光，而不是只看一年半载。如果你认真对待这些分析结论，就很容易发现，股市崩盘的时候是一个有利的时间点，可以让你在所谓的股价低点进入，抓住购买股票的好时机。如前所述，不要买奢侈品公司的股票，要买与国计民生相关的公司的股票。这种投资是最安全、最有利可图的投资，具有抵抗通货膨胀或者货币改革的优点，还能为你带来收益。实践明智的股票投资需要具备正确的投资观念和一定的财富智慧。

股市崩盘时，是进入股市的有利时间点。

两种选择

我已经向你大体介绍了四种最常见的投资类别，你可以看一下哪种适合自己。无论你选择哪种类别，我都希望你考虑一下如何制订和实施自己的财务计划，比如，“我现在的年龄是X，资本量是Y，当我六七十岁的时候，我需要的钱是Z”。然后，你需要决定两件事情。

第一件你需要做出决定的事情是，是否投资股票市场。投资股票市场能使你获得一份基本收入，还能妥善解决养老问题。著名的股市教授和金融专家安德烈·科斯托拉尼有一个激进的理论：“钱多的人，可以投机；钱少的人，不许投机；没钱的人，必须投机。”我非常认同这种观点。因为大部分人在面对低利率或负利率，以及老无所养的问题时别无选择。他们只能一直存款，但是负利率又使资产缩水。银行纷纷中止合同，人寿保险单也几乎不再产生任何收益。很长一段时间以来，一直让人引以为傲的那些未雨绸缪的做法都在面临威胁。

是否投资股市？

负利率也被称为“罚息”，实际上是为了刺激经济，鼓励银行向外投钱。但是，这种财政政策也会波及个人储户，他们本来就已经深受负利率之苦了：存款将不会再因正利率增长。如果存款超过一定金额，比如 10 万欧元，那么还要倒扣利息。所有欧元区国家，包括世界上其他一些国家，目前（2020 年初）的负利率已经达到 –0.75%～–0.5% 的水平。与此同时，消费者咨询中心也建议人们选择新的投资方向，几年前，他们倾向于保险产品，但是现在，他们明确推荐股票市场。在德国电视二台 2019 年 11 月 28 日播出的，由梅布里特·伊尔纳主持的政治类谈话节目中，消费者中心联邦协会金融专家莫恩已经向储蓄者推荐了股票这种投资。正是因为以上原因，为自己创造投资的可能性并不断学习和成长，显得比以往任何时候都更加重要。

你会承担起责任吗？

第二件你需要做出决定的事情是：你是打算自己承担责任，亲自打理自己的财富，还是打算跟你目前的情况，以及大部分德国人的选择保持一致——继续将这件事委托给财富顾问。

测试一下你的顾问！

如果你还是不能决定到底是自己管钱还是让财富顾问帮忙管钱，那么以下建议也许可以帮助你做出决策：

1. 财富顾问应该在协议中写清楚投资的到底是什么。不是那种 70 页全是技术术语的介绍，而是用三句话，对投资的性质做出明确的描述。
2. 财富顾问需要帮你写清楚市场公允价值。
3. 财富顾问应该向你说明风险与回报之间的关系，应该以这项投资的确切投资策略为基础向你解释获利的可能性，协议中也应该包含一些投资对冲的内容。

如果这样做了，你就安全了。我现在就能想到会发生什么：你的顾问今后可能不会再向你提出任何投资建议，因为他害怕会掉入责任陷阱。

财富顾问是不会向你仔细解释投资细节的。有的人是因为没有兴趣给别人讲，但更多的人是担心你自己学会了，就不需要财富顾问了。

关于财富顾问的问题我想你差不多已经弄清楚了。但是你还没有解决把钱放在哪里的问题。当你掌握了有关股票的基本知识，又阅读了我的股票策略建议后，你就可以决定是否要让钱进入股市为你工作了。所以现在，我要马上开始向你介绍股市，告诉你如何系统地学习股票投资。

股市是如何运行的

很多人害怕股市。证券市场好似一个大肆挥霍钱财的地方，它看起来有些可怕，数字和曲线各行其是，在它面前，普通人似乎只能做这个令人费解的复杂过程的旁观者。但现实情况不是这样的。在很好地理解股市运行的基本逻辑后，我们对股市的恐惧感就会减少。因此，我将首先介绍一些有关上市公司和证券交易活动的基本知识。我会对高级学习者说："以下内容不是给专业人员看的那种准确的科学描述。我的目标是让初学者或新手了解一个整体概念，让他们明白股票是具备操作性的。"

股市中的权利、义务和监管

在股市中，一切运行都是十分有序的，是被规范、被监管和被严格管控的。股票市场仅是一个股份公司股票交易的场所。这就是说，如果一家公司是上市股份公司，那么它可以通过股市出售自己的股份。假如，我们把一家公司比作一个水瓶。现在，公司的所有者想让这家公司变成一个股份公司。不用太大的数字举例你也能明白。假设这家公司一共有 100 股股票，从经济学的角度来说，整家公司由一大瓶水分成了 100 小瓶水。整家公司被分成了 100 个单独的部分，每个部分（每一小瓶水）都包含来自整体的一切。

在何种情形下企业所有者会想着设立一家股份公司并且让其上市呢？有两种情形：

1. 企业有高额的资本需求。例如计划新建工厂，因此需要资本投入。在这种情况下，公司所有者可以选择把他的一大瓶水，即公司的股份，以股票的形式在股市上出售以获得资本。
2. 公司所有者要出售整家公司，因此打算放弃自己所有的小瓶水。

在这两种情况下，公司上市都是正确的选择。但是，上市公司在享有多种可能性的同时也要承担责任。购买公司股票的人——股东，他们享有决策权。在公司的股东大会上，他们有机会参与企业战略制定和公司经营管理。当一个股东在一家公司的股份达到一定百分比时尤其如此。这个很容易理解：当一家公司一定比例的股份都以股票的形式掌握在某个人的手里时，他当然有说话的权利。

不要担忧，股市的运行是十分有序的。

除了授予股东参与决策的权利，上市公司还有一个义务，那就是分红，即把自己营业利润的一部分拿出来分给股东。尽管分红不是法定义务，但是股东希望能够通过分红从公司创造的利润蛋糕上分到一部分。

股东期待，且他们也得到了一块蛋糕。

除此之外，上市公司还要承担信息披露义务，保证股东的知情权。对公司的事项，尤其是重大变动，例如董事会变动、监事会变动或类似情况，需要承担临时公告的义务。这些事项都必须及时被披露。

上市公司的义务都是被严格监督的，这就保证了人们在股市上不能为所欲为。人们在股市进行交易，还可以通过聘请经纪人获得一定程度的安全保障。这里说的经纪人是指股票经纪公司，即通过交易股票等方式执行投资者证券订单的金融服务供应商。在股市，人们必须经由股票经纪公司才能够参与股票交易，选择哪家股票经纪公司由投资者决定。当你向市场抛出一个订单，即发起一笔股票交易后，股票经纪公司会验证并监控账户头寸：你能实现这笔交易吗？你存量的资金或者股票是否足以覆盖这笔交易？简言之，如果你想买入新股票，那么你必须有足够的钱。如果你要卖出股票，那么你账户里得有相应的股票。

> 你的资金在股票经纪公司那里是安全的。

以上这些都是以非常简单浅显的方式表述的，但是基本上已经可以帮助你理解了。最重要的是：股票经纪公司负责监督股票交易。这里又涉及另一个方面的安全保障，我们知道，我们自己（以及我们的交易对手）随时都可以调用账户上的头寸。在任何情况下，你的资金在股票经纪公司那里都是安全的，因为在股票经纪公司，所有客户的资产都被视为特殊资产，与公司的自有资产是分开管理的。一旦这类金融服务供应商破产了，那么你需要做的只是指定一家新的股票经纪公司，也就是说换一家新的头寸保管机构。

股票投资是道德的吗？

有一些人除了畏惧股市，担心股市不安全——我希望我已经打消了这部分人的顾虑，还有道德层面的疑虑：我到底是从谁手里买到的股票？我到底是从谁手里赚来的钱？如果我赚了钱，是不是就意味着有人赔了钱？我是不是伤害了别人？

对于“股市是公平的吗？”这个问题，我的回答是：是的。我认为股市是公平、合理的。因为每个投资者都可以完全自由地决定他是否参与股市，投资多少，在哪个时间段承担多大的风险。没人能够强迫他。股市肯定不会自己生出钱来，投资者赚钱是因为市场在变动。一个人赚了钱，不可避免地肯定就有人赔钱。大家把钱投入股市，在从股市赎回时就会产生收入或损失。意思就是，如果一个人增减了仓位，那么不是别人给他钱就是他给别人钱。股票是有价值的，为此，我们必须支付一定金额的货币。现有的实际货币总量不会因股市而增加或减少。

股市是公平的。

那么，我们会伤害别人吗？我们没有直接伤害其他人。但是，如果我们买入了一只股票，然后又以盈利的方式把它卖给了另外一个人，那么对刚刚买我们头寸的人来说，他实际上是赔了钱的。不过之后，这个人也可以在盈利的情况下卖给第三个人。在这个过程中，股价可能上涨，例如我当初以 50 欧元的价格买入，之后又以 75 欧元卖出，买了我股票的人再以 100 欧元的价格卖出，以此类推。在这个过程中，谁赚了钱，谁赔了钱，我们又在其中扮演了何种角色其实不太容易界定。也有可能我的交易对手刚进入股市，但是最初发起这笔交易的人已经不在股市里了。但是，只要市场还在继续发展，股市中的资金量就会持续增长，资金流转也会持续发生。

人是出于什么动机参与股市交易的？关于这个问题，我们可以想象一下，如果我们的交易对手是一个贪婪的人，他因听信了错误的、夸张的信息而加入股市，在短时间内已投入很多，那么我们从他身上赚钱有什么问题呢？他鲁莽、贪婪、轻率的行为导致了他的失败，但他会从中得到教训并收获成长，这也是件好事。

人们可以在股市做套期保值交易，通过各种系统赚取收益。我们可以通过卖出看涨期权和看跌期权，为交易对手的股票交易提供对冲（后续我会详述这一点），由于我们提供了这种为期一周、一个月甚至一年的风险对冲，为其他人提供了保障，其他人会计算风险溢价，我们会从其他人那里获得相应的费用。这跟保险公司收取保费是一样的。这是一种完全正常的套期保值交易，反过来我们自己也会使用，在道德上不应受到谴责。

在我看来，除了道德方面的顾虑，人们对股市的心态还面临一个更大的挑战：大部分人都会觉得，如果我们不直接参加劳动，却又获得了报酬，这是有问题的。在股市上可以迅速赚到相当于一个月工资的钱，但是依靠劳动的话，却需要付出很多努力才能挣到这些钱，这是很难理解的一个问题。当突然可以通过股票交易获得如此稳定的收入时，很多人都会说："我不应该获得这些！"

不辛苦劳动还能发财？
有可能。

这个问题可能确实有点儿难理解。想象一个夏日的周末，当我和妻子在花园里做了 3 个小时园艺劳动之后，我的肌肉和后背都会感觉酸痛。然后我可能会坐在露台上，喝一点儿苹果汁，满足地看着我们的劳动成果。可是在股市里赚钱不是这样的。大部分还没有那么富裕的人会认为，财富的获得总是与辛勤工作紧密关联，但事实并非如此。辛勤工作可以为此奠定基础，但是辛勤工作本身绝对不会让你大富大贵。我认识很多手艺人，他们极度勤奋地工作，但从未发过大财。

我脑海中也曾存在这种思维困局，但是我已经想通了。我对自己说："我的资本就像我的员工一样，可以帮我创造价值。购买股票就是给某个或某些人提供了使用我的资本的机会，这跟家庭财产或者自行车保险为投保者提供保障是一样的。"这样理解问题会让我们豁然开朗：尽管我没有实际从事生产，但是我把自己的资本拿出来，让其他股市参与者或者公司使用。他们可以使用我的资本，而我负责承担风险。

人们是否知道自己的交易对手是谁，也是大家在谈到股市的时候会考虑的问题。我们并不知道自己是从谁那里买到股票的，也不知道自己把股票卖给了谁。期权的交割（后面我会再介绍）是通过监管机构完成的。

所有这些信息都有助于我们更贴近实际地理解股市活动和股票交易。股市和股票交易既不是有违道德的，也不是让人看不透的存在，只有新手才会有这种感觉。但是，股市活动也不是毫无风险的，缺乏经验和判断失误经常会导致风险发生。因此接下来，我要介绍股市中一些最重要的原则，它们可以帮助你规避股市新手最常犯的错误。

制胜股市 12 原则

这部分尽管很短，但是非常值得关注。如果你想在股市上做个常胜将军，那么接下来是你必须注意的 12 条基本原则。这一系列原则是从我和我的同伴失败的经验中总结出来的，可以为各种类型的股市新手提供指导。这 12 条原则可以确保你安全入市。你最好把这些原则写在一张纸上。

建议你把这些原则挂在办公室的墙上。这样，在连接到互联网，又登录到某家股票经纪公司的操作平台后，你就可以随时看到它们。当你忘记了这条或者那条原则的时候，它也可以随时提醒你。当然，你也应该反思一下自己为何会忘掉某些原则。

制胜股市 12 原则

1. 在实践中成长
2. 锻炼自己的耐心
3. 先使用模拟账户一年，之后逐步提高交易金额
4. 寻找志同道合者
5. 交易策略要符合自己的个性
6. 制定交易方案并记录交易过程
7. 控制自己的情绪
8. 接受损失
9. 赚钱了也要脚踏实地
10. 区分资本和流动资金
11. 先别辞掉工作，就算已经能靠股市收入养活自己
12. 把握正确的退出时机

1. **在实践中成长。** 在学习了诀窍后，放下不用的时间越长，再上手就越困难。不要以为，光靠理论学习就能搞清楚股票。通过在模拟账户中进行交易实践积累经验吧！有一些事情必须亲自实践才能真正理解。但是千万不要迫不及待用真金白银去练手！
2. **锻炼自己的耐心。** 在股市中，耐心很值钱。如果技术分析中的指标（这个我会进一步探讨）表现不利，换句话说就是，至少 4/5 的指标都偏离正确位置，就不要继续了。在这种情况下不要交易，不要因为你此刻想去交易而交易。参与股市交易的目的是赚钱。如果想赚钱，就要等待正确的时机。我们需要耐心等待，直到这个时机到来，然后抓住它。投资培训的第一课，就是学习锻炼

耐心。

3. **先使用模拟账户一年，之后逐步提高交易金额。**至少半年，最好是9个月或者一年，你应该只使用模拟账户，“纸上谈兵”地交易股票，以基于实际的股价进行模拟交易，不要真的拿钱出来。我们的学院里总有这样的学员，全然不顾三令五申的警告，使用模拟账户几周就开始真枪实弹地炒股了，然后遭遇惨败。他们过度相信自己的能力，交了不少学费。即使模拟期之后，你也应该从小额资金逐渐开始实际交易。随着交易成功率的持续提升，你可以逐步提高交易金额。太大金额的交易总会让人倍感压力，同时也会造成很大的情绪负担。
4. **寻找志同道合者。**与志同道合的人一起训练会对你有很大的帮助，大家可以互相吸取经验，一起交流分享。我们在学院里开展了这类实践：学员们组成了60多个小组，遵循我们提倡的原则开展训练活动。他们相互支持，共同厘清问题，并且动力十足。这是一种定期的团体训练，它让学员们在保持融入和持续进步方面发挥了令人难以置信的作用。但是，除了我们的学习社区，你在股票市场日或者各种协会中也可以找到探讨专业问题的机会。
5. **交易策略要符合自己的个性。**不存在“最好的策略”。一些标准，例如收益、风险、对冲、时间投入和投资期限，会在策略选择中起到关键作用。我们需要弄清楚什么策略适合我们，让我们感到舒适。理想情况下，股票交易应该像一场游戏，我们既要严肃认真对待，又要感到愉悦。请回想一下我是如何介绍《大富翁》游戏的，以及我们应该有怎样的游戏心态。如果有一天，股票交易对你来说变成了一件过于严肃的事情，你已经感受不到任何游戏的乐趣了，你就需要去改变些什么了。
6. **制订交易计划并记录交易过程。**请为每一笔交易制订一个具体的执行计划：我因为什么建仓？我希望实现多少收益？我的方案B是什么？在交易计划中，要把这些确定好并写下来。此外，还要坚持写交易日志，以图表或文字的形式都可以，里面要记录你做过的所有交易。每进行一笔交易后，写进日志里的内容一定不要删除，也不要修改。这样便于你在事后追溯自己的行为。

7. **控制自己的情绪。**在股市里，畏惧（迟迟不敢开始交易）和贪婪（用力过猛、不假思索）都不是好的情绪。有的时候，贪婪之心会阻碍一些人进行必要的风险控制。我所指的“控制自己的情绪”不一定是指时时刻刻遏制自己。因为长此以往这会让你感到非常压抑。我的意思是说，我们可以关注和感受自己真实的情绪，然后去优化它们。比如，针对畏惧心理，我们可以问问自己：最坏的情况是什么？可以分析一下，自己某一次为何表现出贪婪或者吝啬？导致贪婪的导火索是什么？你觉得自己错过了什么？你为什么一分钱都不想出？你要保证自己在头脑清晰、全神贯注的情况下采取行动。
8. **接受损失。**当一个人在股市中赔了很多钱时，他就不会再有乐趣了。有些时候，一个人甚至会欺骗自己的伴侣或者隐瞒当前的情况，因为他在股市中赔了钱。这说明，在这种情况下，人会有非常大的心理压力，这种压力在很大程度上与羞耻感有关。我们到最后才会承认自己赔钱了。因为我们会觉得，自己只有在卖出股票的那一刻才蒙受损失。这是什么意思？只要还没有平仓，我们就会看着仓位，同时想着，股价还会再涨上去。所以，很多人往往会倾向于在亏损的情况下仍然长期持有。
9. **赚钱了也要脚踏实地。**当一个人在股市中赚了钱时，情况往往正好相反，我们很难脚踏实地，我们的心很容易飘到天上去。炒股的人，在赚钱的时候什么都好说，但是在赔钱的时候就一蹶不振了。其实，在股票被卖出之前，你的收益都只是账面收益。但是，“正在赚钱”的想法会对我们产生心理作用，在我们的财富人格还没有发展到足够成熟的时候，我们会变得贪婪、挥霍无度，甚至做一些无意识的事，最终导致我们失去这些钱。我在股票交易的起步阶段，也失去过自己拥有的一切，那可是不少钱呢。当时，我甚至背上了债务。这一切的根源就是我没有做到脚踏实地。

10. **区分资本和流动资金。**在股市里，我们可以将投资资本和经常性收入区分开来：一边是我们的投资资本，另一边是我们的现金流，也就是流动资金。很多新手一开始都会过分关注股票价格：现在是每股 50 欧元还是 53 欧元？其实，我们首先需要关注的是每个月都产生收益，都有规律的现金流。在这个过程中，相对来说，我们股票的价值没那么重要。如果我们的股票价格下跌了，我们可以等待，甚至在 5 年、10 年或者 15 年之后再卖。在此期间，如果能经常性地获得月度收入，那么在某一时刻我们一定会感到非常开心。

11. **先别辞掉工作，就算已经能靠股市收入养活自己。**根据经验，一个人的股票生涯会有两个重要的节点。第一个节点属于心理上的挑战：当每个月从股市上赚的钱超过了工资收入的时候，许多人会因此变得狂妄自大。他们会想马上辞职，或者开始赌博，变得贪得无厌。另一个节点是，每月收入的波动，对个人心态来说也是一种考验。人们会在恐惧和贪婪之间来回摇摆，并因此受到情绪的困扰。即使从股市中赚的钱已经可以养活自己，你也应该在原来的工作岗位上至少坚持 12 个月，最好是 24 个月，将一到两年的年薪作为储备资金。然后，你再思考是保留你的工资收入还是辞掉工作。你可以选择降低工作强度，甚至彻底辞职。当你能依靠股市收入维持生活的时候，你的想法会有很大的不同。选择降低工作强度，股市存在巨大的波动，有时金额可能高达你的数月工资，我们必须学会应对这种情况。

12. **把握正确的退出时机。**一个人的个性发展状况往往会决定其账户状况。有些东西，不是多多益善。如果你没有做好财富增长的准备，事情的发展已经到了你能承载的极限，你在“游戏”中已经筋疲力尽，那么在情况得到缓和之前请先停下来。收好自己的资本，保管好自己的钱，先用它们来生活。不管现在你有可能一个月赚 2 000 欧元、5 000 欧元、1 万欧元还是 5 万欧元，都无所谓，增长本身并不是目的所在。

掌握了这些原则之后，我们就可以钻研具体的策略了，我在投资学院里经常讲这些策略，而且我也亲身实践过这些策略。接下来，我会向你介绍我的理论体系，我本人，以及学院中的很多成员都是在这套体系的指导下在股市中获得成功的。但是，对具体的实践来说，光有这几页介绍是不够的，我无法做到在这本书里穷尽这套体系的所有应用方法。我们需要学习基础知识，并进行一年的培训，这样才能有更深入的了解。如果我承诺马上就可以展示这套体系是如何工作的，这是不严肃的。我也不可能这样做。我不是那种会给出“几年之内必成百万富翁”这种承诺的财富顾问。

> 你会获得成功，但你不会一夜成名。

如果你还是一个新手，那么你首先需要了解投资的可能性。好奇心会驱使你进一步了解相关信息，当自己做好了准备，生命中能助你一臂之力的人就会出现。

学习股票交易

我的投资学院提供全方位的股票和期权交易课程，课程涵盖技术、策略和心理层面的全部内容。但是，到底哪些人会来我们学院学习呢？我们的学员不是日内交易员，也不是“股市疯子”。这些学员来自各行各业，有雇员、企业家、自由职业者、政府官员、退休人员，还有学生，他们想参与股市活动，大多是出于很实际的动机，希望能够在正常的工资收入之外获得一份补充收入。我们也有一些学员是完全依靠股市生活的，但大部分人不是这样，他们在原本的工作岗位上做得很好，只是希望多赚些钱或者可以少工作一点儿，拥有一个获得补充收入的可能性。

当你有类似想法和诉求时，你也可以说：“那我可以投资 ETF（交易型开放式指数基金）。”ETF 在当下甚是流行，是一种投资基金，其资金主要投资于股市。通常情况下，ETF 资金不直接参与一级市场，而是在二级市场进行买卖。大部分在证券交易所交易的基金都是被动管理型指数基金，ETF 这个概念也经常被当作指数基金的同义词使用。如果查看此类投资的过往表现，你就会发现 ETF 实际上是一种久经考验并经过科学验证的股票投资方式，年均回报率约为 6%。

但是这里存在一个问题，以至我并不推荐 ETF 这种股票投资形式，这个问题就是投资者心理。如果出现股市崩盘，投资者就会陷入恐慌。ETF 必须承担它挂钩的所有股票指数的波动。当整个股市陷入低迷时，ETF 也会陷入低迷。面对这种局面，很少有人能做到淡定地置身事外。问题就在于投资者都会有情绪波动，但是 ETF 投资策略需要冷静和等待。在此，我们又一次印证了一个道理：必须把个性因素考虑在内。由于投资者与他们的个人财富有很强的情感关联，心理机制的作用力会更大，恐慌的情绪会促使投资者出售。因此，绝大部分人都做不到持仓等待。

投资者象限

我还有另一个体系——投资者象限，学院成员们的经验以及我个人的投资经验都能证明，这是一套有利可图的体系，可以帮助我们在更活跃的同时更安全地行动。现在我要向各位简单展示，如何利用投资者象限在股市上获得稳定的收益。我相信，在德国，资产体量与我相当的人很少独立操盘。我个人财富中的很大一部分都是通过这个体系积累的。

ETF 对我来说只是第二选择。

庆幸的是，我现在根本无须过多强调我的个人成就，学院成员们的投资成果已经说明了一切。他们中的很多人，一年之后的月度收益率达到了 1% 上下。两年之后，月度收益率达到了约 2%，在第三年，他们的月度收益率目标是 3%。我知道，对很多人来说，这听起来简直难以置信，但我现在很放松。这个公式不是什么秘密，再过几年会有更多人知道它。这与很多创新类似：今天看起来难以想象的情形明天就可能变成我们的日常。

这套体系基于专业人士的经验。

我能在此介绍这套体系，主要是由于我拥有超过 25 年的股市实操经验，此外，我在经营投资咨询公司的过程中，还从一些美国投资专业人士那里学习了很多东西。美国的投资文化和投资技巧与德国的是完全不同的。我把自己了解的美国式的投资方式移植到了我的实践中，我也希望，我的经验能够为尽可能多的人服务。这就是我的目标，我要重复说一次：我希望越来越多的人能够增加一个补充收入的来源，这样大家就不用再依靠报酬过低的工作生活，不用再看爱剥削人的老板的脸色，也不用再忍受不符合个人追求的工作了。通过这套体系，越来越多的人可以分享现有的社会财富，他们可以更多地追求自己活在世间的意义，而不需要整日在“仓鼠轮”上奔波劳碌。

你需要先确立个人目标，然后遵循自己的节奏前进。其他事情就交给时间。我们有的学员异常勤奋，乐于学习，他们甚至实现了比前文提到的更高的月度收益率。

很多人会问自己：我能做到吗？我够聪明吗？我们有太多的学员，他们原本的工作内容与钱几乎毫不相关，比如手工匠、老年人护工、心理学者等等。还有的学员，他们当年在学校的时候就讨厌学习数学。另一个经常被问到的问题是：“我需要准备多少本金？”很多人开始投资的时候手头只有 1 000 欧元。对我来说，事情的重点不是某个人找到我，然后说：“我有 100 万欧元，我们用它赚 10 欧元吧。”这样也不是不可以，但是我认为更重要也更有趣的是，有个人找到我并对我说：“我只有 2 000 欧元，我们靠这些钱赚 50 万欧元如何？”

年化收益率 20%？
感谢复利效应！

很多人还会问：“我们的主要投入是什么？”这个问题的答案很明确：时间。在第一年，我们大约每周需要投入 3 个小时，对于预期年化收益率为 20% 的水平来说，这种时间投入程度是值得的。本金比较少的人一开始可能会觉得：“托上帝的福，这哪里值得了？”然而，复利计息可以在很短的时间内为你带来很多收益。我们可以用自己的本金相对快地赚到一笔数额比较大的钱，而且不用待在某个固定的地点，也不需要其他合作伙伴。我们也不需要用时间一比一地交换收益。以我为例，我每周顶多花一个小时去管理我的投资。

现在，让我们言归正传，回到投资者象限。它由四个象限组成，既阐释了投资的决策原则，也为个人保留了足够的个性化空间。我们可以在这套体系的基础上进行设计，使其契合自己的个性。这套体系提供了多样化的选择，但也遵循严格的指导原则，就比如你已经知道的“制胜股市 12 法则”。除了这个，还有其他指导原则，例如，我强烈建议不要在没有 100% 风险保障的情况下去交易。事实上，在进行股票交易时，寻求风险保障是可能的，但对大部分人来说这是新鲜事。

现在，让我们具体看一下投资者象限，如图 4.1 所示。

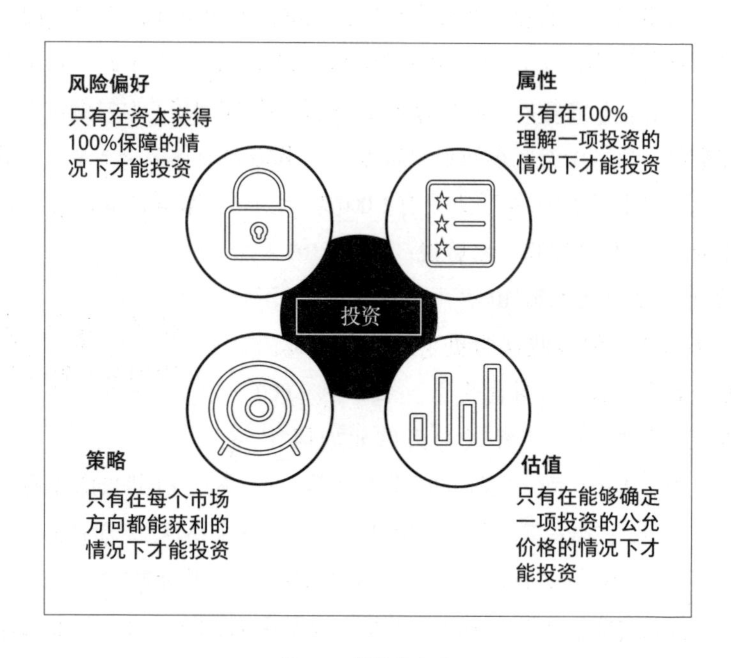

图 4.1　投资者象限

1. 属性（或者通俗地说就是通过基本面分析进行质量评估）
2. 估值（即通过技术分析确定买入价格）
3. 策略
4. 风险偏好

投资者象限囊括了投资的关键问题及相关规则。图 4.1 可以为你提供一个概览，在接下来的章节中，我将进行具体阐释。

属性：基本面分析

你坐在家里，手头有 1 000 欧元、2 000 欧元或者 5 000 欧元的闲钱，你打算用这些钱做股票投资，赚些收益。那么第一步你需要做什么？你需要分析股票的基本面。平时我一般称其为质量评估。我的意思是，与买任何其他东西一样，你应该评估将要购买的商品的价值。我们要对某只股票进行质量评估，首先是评估股票的价值。在你还没有考虑买入还是卖出，也没有将当前股市中的所有新闻和股价变动情况列入考虑范围之内时，投资者象限的第一象限就可以帮你解决一个问题：如何读懂这家公司，它有哪些属性，这些属性的质量如何？

为了说清楚我们需要做什么，我们可以用两种相近的投资类别进行说明，比如你想购买不动产，你可能会联系一个不动产经纪人。无论如何，你都会先去看一眼实物。在决定购买之前，你可能还会委托一位估价师，让他帮你确定不动产的准确价值；而当你想购买一份保险类投资产品时，你大概率会去找投资顾问，然后在他的推荐下选择一份养老保险或人寿保险。当对比这两种投资时，我们马上就清楚了：在购买不动产之前，我们经过了质量评估分析；但是在买保险的时候，我们做决策的基础是对投资顾问的信任。其中的原因可能是，作为个人投资者，我们不具备自行理解或者分析此类投资的条件。因此，我们为你未来的投资制定了第一条原则：

只有在100%理解一项投资的情况下才能投资。

我们应该做到事先充分了解这家公司，然后考虑是否购买这家公司的股票。这是一个重大的决定，我们不能想当然、轻率地购买某只股票。我们需要知道这家公司是做什么的。永远不要依赖直觉、道听途说的消息或新闻报道。即便面对的是苹果公司，我们也要问自己，这家公司是做什么的？我对这家公司了解多少？让我们以一些大品牌为例做一个测试：

- 可口可乐：可口可乐公司最重要的产品是什么？不，不是可乐，而是水。可口可乐公司卖水赚的钱比卖可乐多。
- 麦当劳：你又猜错了，麦当劳最重要的产品和最主要的收入来源不是汉堡、麦乐鸡，也不是炸薯条，而是不动产。
- 星巴克：星巴克营业收入中占比最大的是什么？咖啡吗？这个答案对，也不对。星巴克的咖啡定价那么贵，为什么客人还会买？人们买的是感觉，是氛围，因此一杯咖啡才能卖出如此高的价格。
- 亚马逊：亚马逊最重要的产品是书吗？曾经是。是其他家用物品或办公用品吗？不。亚马逊最主要的营业收入来自亚马逊云存储空间。

在进行基本面分析的时候，我推荐评估工具Value Line。借助这个工具，我们可以从7 000家最大的上市公司中筛选出我们最感兴趣的一些公司。Value Line从公司的资产负债表中提取最重要的数据并对其进行总结。Value Line总部位于美国纽约，是一家独立的金融分析公司。它是世界投资和交易市场上最具权威性且被广泛使用的独立投资研究公司之一。在许可协议项下，用户可以追踪访问近 100 个行业的 7 000 多只公开交易股票。通过一张 A4 纸篇幅的 PDF 文件，你可以获得 1 700 多家公司的价值信息。

7 000 家公司！这相当多了。1 700 家公司也足够让人眼花缭乱了。怎么从中选择？这里又有多少家公司质量合格，可以考虑投资？按照我的标准，从 7 000 家公司中可以选出 40 家，它们就是我所说的 TOP 40。关于这些公司的信息，我们学院的学员每月都能在学员专区获得最新资讯，这使得他们拥有基本的投资机会。在 7 000 家公司中，这个比例才只占 0.6%。只有这些公司是我认为可以投资的。其余 99.4% 的企业还不够好。

> 最终，只有 TOP 40 能进入我们的视野。

我选出来的 TOP 40 公司可以作为良好的参考，帮助大家开启股票投资之旅。一个筛选过的、有一定边界的选股范围对大家来说是有帮助的。在此基础上，每个人都可以开展独立分析。在积累了一些经验后，学员们也可以划定属于自己的 TOP 40。我的初衷是不让任何人依赖我和我们的学院。因此，没有人会从我这里得到购买推荐。永远记住，无论你在哪套体系的辅助下赚取过投资收益，你都需要保持独立。

Value Line 和评级机构有何区别？Value Line 系统中汇集了评估公司最关键的数据，由你独立评估这些数据。但是，评级机构会分析这些公司，随后给出一个评级结果，也就是评估结果。许多最成功的投资者都使用 Value Line，他们与 Value Line 合作，而不会选择评级公司。

> 股票市场的专业人士不会让评级机构牵着鼻子走。

我不选择评级公司的原因是什么？先看一下这种场景：乌韦成立

了一家初创公司，他需要资本来经营公司。怎样才能获得资本，让自己的初创企业发展起来？他有多种选择。他可以直接奔向银行申请贷款；或者找一家评级公司，为自己的公司做一下评级，之后他再去银行申请贷款就会有更优越的信用条件和更大的把握。他致电一家评级公司（如果是美国最知名的那几家之一就更理想了），他说："你好，我需要为我的公司进行评级。"乌韦为这个评级支付了高额的费用，评级机构分析他的公司后给出了一个评级结果。你怎么看这件事？这家评级公司是跟乌韦站在一边儿，还是站在银行那边儿？我觉得，人们可以大胆地猜测，评级公司跟乌韦是一边儿的。尤其是鉴于两年后，当乌韦的公司得到进一步的发展，需要更新公司的评级时，也许他还会去找这家评级机构。

其中的原因并不难理解：谁给自己客户不好的评价，谁就容易在竞争中失去客户。再说得远一些：美国在金融危机中处于破产的边缘。所有知名评级机构的总部都设在美国。国家也是可以被评级的。在金融危机中，评级机构给予美国的国家评级结果如何呢？AAA，评级机构能给出的最高评级。这可能吗？可以看看电影《大空头》。这部电影以2008年全球金融危机为背景，讲述了大银行和基金经理的阴谋。

我还是宁愿相信独立的分析工具Value Line。我们可以把Value Line给出的公司关键指标输入筛选系统，筛选系统会对指标进行分类，并辅助对公司进行评估。最终的评估结果将在A+到D–之间。只有评估结果在A+到B–之间的公司才能被列入投资考虑范围，低于B–的都不予考虑。这种方法可以将情绪因素完全排除在外。每当拿起一瓶可口可乐时，你就会回想起与家人在海边度假的美好时光，于是你对可口可乐公司的股票也就莫名地喜爱，然而现在这些情绪不会再对你的选股产生任何影响；或者你骑着一辆哈雷摩托就想买点儿哈雷·戴维森的股票，这种情况也不会再发生了。

在 Value Line 和筛选系统的帮助下，人们可以独立找到他们的“好朋友”——5 到 10 只股票。这意味着，投资 TOP 40 公司，你的投资表现，即投资收益率会显著提高。在此基础上，你就可以考虑估值、未来的策略以及风险偏好问题了。

找到你的“好朋友”：5 到 10 只股票。

估值：技术分析

我们在第一象限进行了质量评估，即基本面分析之后，就来到第二象限，即通过技术分析确定买入的价格。一旦明确了某家公司属性良好且发展质量很高，接下来，我们就要去探究其股票的公允买入价格。因此，第二象限最关键的问题是：我们最终要投资的这家公司，市场的公允价格是多少？

假设现在你要买一辆二手车。你登录了一个二手车销售网站，输入想要的品牌和车型，然后，搜索配置、里程和年限，最后就会看到某辆车的市场价格。原则上，在购买投资产品前，我们也要做类似的事情。以下就是我想教给你的第二条原则：

只有在能够确定一项投资的公允价格的情况下才能投资。

以上两条投资原则尽管被广泛知晓，但是经常被无视：人们投资自己完全不懂的东西，自然也不知道这个东西的公允价格了。大家的投资常常基于一种莫名的信任。无论使用哪套系统参与股市交易，请经常问问自己：这家公司的属性是什么？还有，它的公允价格是多少？这样的话，你的投资才会更安全。

我们如何发现市场的公允价格？要做到这一点，就必须评估股到关注股价波动的时候了。

票在证券交易所的销售情况。我们要去研究通过基本面分析筛选出来的那些"好朋友"，就是那几家为数不多的公司的历史股价变动情况。在某些情况下，如果关键指数出现这样或那样的表现，人们就能较为容易地判断股价的未来走势。因为，如果某种模式反复出现，我们就可以利用它预测未来的情况。

有很多好的分析工具可以让股价走势预测变得更容易。其中就包括股票交易在线平台，我们可以在这类平台上追踪和分析股价走势。我们绝对不可以，也不应该仅通过翻翻财经杂志、听听顾问的建议就自己贸然去预测未来。我们的投资学院有一个图表平台，上面呈现了过去若干年股价的走势，以及实时的精确到分钟的股价变动。在此基础上，我们便可以预测发展趋势、潜在的股价变动，以及它们实现的可能性。然后，我们就能够做出有利的买卖股票或期权决策了。在股市中，关键性的指标有数百个，它们之间又能搭配出成千上万个指标组合。我们的学员会得到 6 个关键指标，以便开展有根据的分析。我们把这种技术分析和在第一象限完成的基本面分析相结合，就可以得到一个非常实际的评估结果。

我们具体是怎么做的呢？第一步，把过去 10 年的股票价格低点连成一条线；然后，把股价高点连在一起。于是，在两条线之间，我们就得到了这只股票所谓的"波动空间"。此时我们又能看出什么呢？一方面，我们能看出这只股票的实时价格，假设现在是 100 欧元；另一方面，我们能看到这只股票的高点价格，假设是 140 欧元，此外还有低点价格，假设是 90 欧元。首先来看一下这只股票上涨的可能性：现在是 100，最高点是 140。计算：140–100=40。再看这只股票大概会下跌多少：100–90=10。这些都不是必然会发生的，但是我们可以看到，过去10年这只股票都是在这个区间波动的，此后，股价依然在这个区间波动的概率是很高的。现在，我们的机会值是40，风险值是10，也就是40∶10。我们把它们同比例缩小1/10，就能够获得一个4∶1的比例，这就是所谓的“机会—风险比例”。于是，我们又有了一条原则：

只有在机会—风险比例大于或等于3∶1的情况下才能投资。

在各个投资期限上，我们都可以计算“机会—风险比例”，短期可以以周计，中期以月计，长期投资的期限甚至可以达到10年。第二步，我们来看一下所谓的周计图表。在看周计图表的时候你只有一个任务：预测几个月后的中期发展趋势。第三步也是最后一步，看日计图表。这时，我们需要针对某一项投资找到具体的买入和卖出时机。

寻找有利的买入和卖出时机。

现在有各种各样的指标可以向我们揭示股价将如何发展。在我们使用的图表软件中，它们以各种颜色的辅助线呈现出来。这些指标可以帮助我们找到合适的买入和卖出的时间节点。我从大量难以管理的数据中挑选出了几个最佳指标，根据我的经验，这些指标可以帮助我们做出最好的预测。在分析这些指标时要遵循严格的原则，这些原则一般来自出版物，更多来自经验积累。

1. 这5个指标中，至少要有4个处于正常位置，才能交易。
2. 这5个指标远比趋势区间更重要，因为指标对股价的影响力总是大于趋势。

我总是遇到个别学员会无视这些原则的情况，所以我制定了一个额外原则：

<u>不遵守这些原则的人要亏钱，遵守这些原则的人能赚钱。</u>

接下来，我们可以从技术分析中得出结论，然后选择买入或卖出某只股票。也有可能，我们此时只能投资期权，不能投资股票。为什么是期权而不是股票？我会在第三和第四象限中说明。我们只需要寻找买入和卖出的信号并严格遵守投资原则就可以了。这在技术层面不是什么大问题，但是在精神层面也许并不容易。不要总想着在技术分析的时候弄懂所有事，这很重要。有时候，我们只需要找到一个可信之人，而他又特别擅长做这件事就够了。这对年轻人来说可能更容易一些。年轻人的行事风格简单直接，在某些情况下，这是一个优势，他们可以尝试新鲜事物，毫无负担地去学习。

有一次，我的讲座上来了一个 14 岁的年轻人，那天的某个时刻，整个教室鸦雀无声，因为所有成年人都到了他们理解力的极限。就在这时，那个年轻人推了推他的父亲，说："爸爸，你听不懂吗？这个特别简单啊！"教室里的 90 个人同时看向了他，在这一秒，他被 90 个人讨厌了。然后，他也意识到自己刚刚说话的声音太大了。确实，有些人理解一个问题的时间比别人长，他们会感到沮丧和绝望，因为觉得自己很笨。但是其实他们不是笨，很可能只是因为他们已经很久没有接触与财富管理相关的事情，或是有情绪方面的障碍、不必要的执念，等等，比如认为自己"搞不定数学"。这个年轻人可能看起来有点儿傲慢，但是至少在那一刻，我觉得所有人都应该向他学习：用开放和轻松的

> 用开放和轻松的心态去接触新鲜事物。

心态去接触新鲜事物，不要总是用现有的认知去解释一切。

非常幸运的是，我们还有两个象限：策略和风险偏好，它们可以为我们提供更多交易可能性。但在开始下面的内容之前，我们还应该明确一件事：在现实中，事情可不像书里描述的那么简单。书里讲的内容与现实不会100%呈正相关，它只会提供一种模型，你可以带入现实进行实践。我的目标是帮助你先启动，感受初步的成功。之后，你就要凭借自己的力量继续前进和学习。如果没有一个值得信赖的体系，你就不会有长久的成功。

策略

第三象限与策略有关，核心问题是：如何能够持续地在每个市场方向上都赚到钱？

“市场方向”是什么意思？在一次股票投资中，可能会出现如下不同的场景：

1. 打个比方，我们以每股40欧元买入了一家公司的股票，一段时间之后，股价变成了每股50欧元。于是，我们就赚到了钱，我们会觉得自己做了正确的投资。
2. 我们以每股40欧元的价格买入，但是一段时间之后，股价变为每股30欧元，这就意味着，在这项投资中，我们亏钱了。
3. 和上面一样，我们以每股40欧元买入，过了一段时间，每股还是40欧元。这种情况经常发生：市场走高，市场走低，到最后又恢复原样。但是在这个场景中我们也是赔钱的。为什么？因为我们支付了手续费、附加费（例如外汇交易费或前端费）、管理费和托管费等。

上面这三种场景，有两种我们是赔钱的。作为未来专业的投资者，你自然不能接受这两种情况。但是，大部分投资者认为赔钱是不可避免的，于是他们基于这种心理假设，“合情合理地”回避股票投资。但其实还有另一种情况：

在每个市场方向上都赚钱。

在德国，几乎所有投资产品，无论是银行提供的、保险公司提供的，还是投资机构提供的，都仅在第一种场景，即股票价格上涨时才能为投资者带来收益。这倒不是银行、保险公司或投资机构的原因，而是国家已经确定了一个法律基础框架，当投资机构投资外部资本，即来自第三方的资本时，现有法律框架几乎没有赋予投资机构自主行动的空间。当然这是出于好意，但是这样做的结果是，法律大大限制了投资机构的市场操作，导致很多投资产品失去活力。德国的投资基金超过 90% 是低于其比较基准的，这就意味着，买德国 DAX 股票指数基金比买投资基金强，买道琼斯指数基金比买美国投资基金强。如果买传统的投资产品，就是那些常规的，由银行、保险公司、投资机构、养老基金或者基金会发行的产品，那么我们只有在股市上行的时候才能赚钱。在股市盘整或者下行时，我们的投资是赔钱的。因此，我要重复一遍我提出的投资原则：只有在每个市场方向上都能赚钱的情况下才能投资。但这应该如何操作呢？

投资机构被法律限制住了。

在为期一年的投资训练中，我们的学员会学到 8 种不同的策略：两种策略适用于上行市场，两种策略适用于横盘市场，两种策略适用于下行市场。此外，还有两种策略适用于所谓的无方向市场，就是说，我们在不知道市场未来方向的情况下也能赚到钱。

我举一个其他投资类别的例子来说明，这个例子几乎可以一比一地照搬到股票投资上：不动产出租。假设你购买了一套房子，然后将其租赁给第三方。一方面，你可能借助了银行或亲友的力量，为购买这套房子一次性投入了资本；另一方面，你可以获得这项投资的收益，即每月的租金。这样，你就可以享受现金流，即规律性的资金流入。现在很少有人知道股票也可以租赁：买入高质量的股票，把它们租给第三方，以便从中获得稳定的收益。

行篇至此，最容易被问到的问题一般是：为什么会有人想要租一只股票？因为现在有些公司和个人需要股票库存。简单地说，就像有人需要房子一样，有些企业、基金公司、投资机构、资产管理公司或基金会也需要股票库存。对它们来说，租赁股票比买股票更划算，这跟租房子是一样的道理。

如何出租股票？可以通过期权合约交易。不过，这种方法目前存在局限性，这也是导致股票出租在德国鲜为人知的原因：德国法律对期权交易不友好。这对个人投资者来说非常遗憾。在德国，投资者只能交易认股权证，这又是另一种完全不同的东西，我们不能把它与期权合约交易混淆。交易认股权证时，我们的对手方是银行，而交易规则是银行制定的。实际上，75% 的认股权证到最后都因为没有行权而变得一文不值。也就是说，银行对投资者的赢率是 3∶1。所以，认股权证对我们来说是没有吸引力的，我的口号一直都是“做自己的银行”。我觉得，还是自己操作金融工具更好，这么做的赢面更大。而且确实存在可以自己操作的金融工具。

出租股票——如何操作？

幸运的是，在德国本国的监管范围之外我们还有其他选择：通过美国的股票经纪公司进行交易。这也没有很大的区别，我们的资金仍然是在德国的账户上，只是交易场所在美国。只要我们像往常一样申报收益和损失、正常纳税，我们就可以这样做。我们可以完全合法地开展期权合约交易。这为我们提供了全新的可能性！如前所述，只要有一台计算机，会使用它，并且能够上网，我们就拥有了前所未有的可能！

那么，期权到底是怎么交易的？想要回答这个问题，我们必须首先弄明白期权到底是什么：

期权是指在某个特定的时间，以特定的价格买入或卖出股票的权利。买入的权利被称为“看涨期权”，卖出的权利被称为“看跌期权”。

人们需要为这两种权利——买入或卖出——支付权利金。理解期权，开始的时候像是在经历一场思维运动会，但是接触久了之后，我们就会熟悉和适应它。

我们说的期权指的是一种权利，而不是买入或卖出的义务。意思就是，当我们购买了期权后，我们可以在一段特定的时间之内，直到某个特定的时间点之前，以特定的价格，即行权价购买某只股票。但我们也不是必须这样做。那么在什么情况下，我们会放弃行权，不去购买这只股票呢？那就是在这段时间内，这只股票的实际价格下跌，低于行权价。那又是在什么情况下，我们不会按照之前确定的行权价卖出？这个答案不言而喻，就是在这段时间内，股票的实际价格高于行权价。

期权一共有 4 种操作场景（如图 4.2 所示），合理进行期权操作，可以保证我们在所有市场方向上都能获利。现在，真正的思维运动会开始了，让我们来体验一下它的乐趣吧！

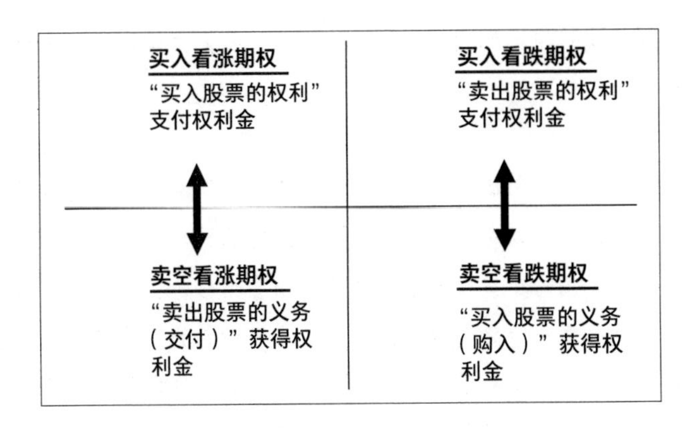

图 4.2　期权的 4 种操作场景

- 场景 1：买入看涨期权。我拥有在特定时间，按照约定价格买入某只股票的权利。我这样做是基于我的分析。我认为未来股票价格会上涨，如果将来这只股票的价格如预期一般上涨了，那么我会选择执行期权，我购买这只股票的价格将低于它的实际价格。但如果这只股票的价格低于预期，实际呈下跌趋势，我便不会行权，我不会按照期权约定的价格购买这只股票。这样一来，我只是损失了买入这笔看涨期权的权利金。
- 场景 2：买入看跌期权。我获得了在特定时间，按照特定价格卖出某只股票的权利。我之所以买入看跌期权，是因为我觉得未来股票价格会下行，如果股票如我预期一样下跌，我便可以以高于实际的价格卖出股票。如果未来股票价格上涨了，我便会放弃行权，不以约定价格出售股票。

接下来是场景 3 和场景 4，这两个场景就是我之前用不动产出租的例子描述的情况：当我卖空看涨期权或者看跌期权的时候，我就是在出租我的股票，也可以说把我的钱借给别人。我承诺给了某人一项权利，因此我获得了相应的权利金。下面，我们具体地看一下这两个场景：

- 场景3：卖空看涨期权。在这个场景里，我赋予我的交易对手一项权利，他可以在约定的时间、以约定的价格，从我手里买到某只股票。我的交易对手在什么情况下会行权，执行这笔交易？在他预计后续股价会上涨，而实际上这只股票的价格确实上涨了的情况下。他会从我手里以之前约定的比实际价格更优惠的行权价购买这只股票。买家想要寻求一种安全保障，即在股票价格上涨时拥有选择权，但是他现在还不想购买这只股票。这时，我的角色是立权人，当股票价格上涨时，我必须按照约定向交易对手交付股票。如果我想谨慎行事，我的账户上就必须持有这只股票，以保证交付和执行。但是，如果这只股票的价格没有上涨，甚至按照我之前的预测下跌了，我就会很开心，因为我将因自己出租股票而获得权利金。
- 场景4：卖空看跌期权。在这个场景中，我赋予交易对手一项权利，他可以在约定的时间以约定的价格，把他的某只股票卖给我。那么他在什么情况下会选择把股票卖给我呢？如果他肯定未来股价会下跌，他就会按照我们之前约定好的比实时股价更高的价格把股票卖给我。期权的买家也希望自己更有保障，在股票价格下跌时能有更多选择。此时，我还是期权的立权人：当股票价格下跌时，我必须按约定条件买入交易对手的股票。为此，我的账户上要备足资金。但是，如果股票价格如我预期一样横盘或是上涨，我便如意了，此时我既因为自己出借资金而获得了权利金，还不用真的去买某只股票。

我们可以聚焦于这 4 种期权交易，而无须进行任何实际的股票交易。例如，我们可以选择一只价格波动较为剧烈的股票，卖空看跌期权，直到我们必须买入这只股票为止。然后等待，直到股票价格达到较高点，预计后续会下跌时，便卖空看涨期权。如此操作，直到某一刻我们必须卖出这只股票为止。然后，我们可以回头卖空看跌期权，如此循环。于是，我们会从交易对手那里取得权利金收入，而不用直接投资股票。真正的专业人士是通过期权交易赚钱的，他们不靠股票交易赚钱。前文我提到 8 种策略。根据对市场发展方向的判断，这 8 种策略将期权交易和股票交易结合在了一起。

> 真正的专业人士通过期权交易赚钱。

第三象限还有第二条原则。我们从赌博游戏中就能总结出来：当我们玩红黑轮盘赌的时候，无论怎么投注都是久赌必输，因为赌场设置了“零”格而占据了概率优势，最终赢钱的都是作为庄家的赌场。我们在投资的时候，如果赚钱的概率低于 50%，这笔投资就是没有意义的。因此，专业人士会秉持如下原则：

只有获利概率大于 50% 才能投资。

接下来，让我们再看一下，是否有可能系统性地对冲风险，获得投资保障。我们都希望尽可能地规避风险，让资金可以持续为我们带来回报。

风险偏好

截至目前，我们已经在第一象限里通过基本面分析评估了股票的质量；在第二象限里通过技术分析确定了股票的公允价格；然后在第三象限里，我们掌握了在全部市场方向上都能赚钱的策略。现在，我们进入第四象限，谈一谈风险偏好的问题。这对很多人来说可能会是一块新大陆。风险偏好有三种类型：

1. **保险型**：即所谓的100%安全型。这里所说的“保险”可不像我们平时理解的那样，指的购买保险、签订保险合同。而是说，作为股票市场的投资者，我们可以规避本金损失的风险。也就是说，当我们的风险偏好类型是“保险型”时，如果我们投资5 000欧元，我们就应该明确，这5 000欧元是一定能回本的，本金损失的风险为零。这种风险偏好类型在德国或德语区并不普及。然而，我们的确可以做到在不承担本金损失风险的前提下参与股票投资。
2. **保护型**：即所谓的95%安全型。我们举一个例子来说明这种类型：我们投资5 000欧元，在风险偏好类型是“保护型”的情况下，我们可能会承担一定比例的，如5%的风险敞口。当然，这个敞口也可能是10%或20%。投资5 000欧元的风险敞口为5%，意味着最后我们有可能只能回收4 759欧元本金。但是，无论如何，我们需要清楚自己为什么愿意承担某个量级的风险敞口。
3. **风险型**：最后一种风险偏好类型。为了完整介绍所有风险类型我才在此处提到这个类型，我本人并不支持这种风险偏好。举例来说，这种风险偏好类型指的是，我们投资5 000欧元，风险敞口达到100%，也就是5 000欧元可能会全部损失。在德国，人们购买股票通常是由于预感股价会涨，不经任何思考就买了，把自己置于完全的投资风险中。对于此种行为我确实不能认同，毕竟我们不是在玩《德国十字戏》这种无聊的纯靠运气的游戏，我们需要有策略地投资，要依靠技巧占据上风。

依托保险型和保护型风险偏好，我们能够享受所谓的上行潜力：获得的回报大于投入的成本。或者，正如我们早就确定的那样，收回的资金至少不能和投入相差太多。

现在，你可能会想：既然存在完全规避风险的可能，那么为什么还有人会选择风险型偏好呢？有的人长时间活跃于股票市场，他很有可能在前两个象限，即评估企业质量和公允价格这两个方面的正确率高达80%。还有的人长期关注自己的账户情况，然后在某一时刻产生这种想法："我想要最高的投资回报率，我不想再坚持保险型或保护型的风险偏好了。"在我看来，这是一个错误的选择，至少对那些尚未完全实现财务自由，无法承受资金损失的人来说是错误的。如果风险承受能力不足，我们就应当保护好自己的资金，也就是说，我们应该坚持保险型的风险偏好。

因此，原则应该是：

只有在资本获得100%保障的情况下才能投资。

我再清晰地表达一次：不要轻易允许自己赔钱。收益和风险始终呈正相关，这种说法本身就是一种谬误。

我们如何技术性地实践保险型风险偏好呢？依靠期权交易，就像在第三象限中讲到的一样。假设你现在想购买一只股票，因为你预计后续股票价格会上涨。与此同时，你又希望这笔投资可以获得100%的保障，让投资风险降为零，就如同我刚刚建议的那样。在这种情况下，你可以选择买入一笔看跌期权，锁定一个股票卖出价格，如果之后这只股票的价格没有按照预期上涨，你也能保证自己在没有损失的情况下出售股

风险型偏好会蛊惑人心。

票。再温习一下：买入看跌期权就是获得了一个在特定时间以约定好的行权价格卖出某只股票的权利。

这种风险对冲工具可以短期购买，例如一周或一个月；也可以中期购买，比如 9 个月；长期的话也可以一年半到两年。想要获得这种“保险”，肯定也需要支付一定的费用。但是，为了获得零风险的保障，这么做是值得的，它可以让我们安稳睡觉，让我们不至于陷入恐慌，也不用再因羞耻感作祟而不得不向配偶说谎。这种风险对冲工具的费用是按照数量级来的：一个月期限的看跌期权一般是按照股数支付，例如每股 3 美元。如果是长期的看跌期权，比如超过两年期的，每股我们可能需要支付 60 美元。此外，我还想多说几句：如果我们还没有彻底实现财务自由，就不要放任自己损失资金，因为钱本身就可以生钱。作为投资者，我们要有这样的概念：“我们不是在用时间或者劳动力换钱，而是用资本换钱，我们是在让资本为我们工作。”很多人一开始很难理解这句话的意思。我的投资学院里就有学员卖掉了自己的公司，靠股市养活自己。他们说：“真是不敢相信，以前我靠卖桌子赚钱。现在，我靠卖钱赚钱。”资本是一种投资产品，我们把它投资出去之后，就有了获得投资回报的可能性。投资我们自己、投资个性发展、投资教育与投资服务、投资股票没有什么本质区别。

有了零风险的保障，
我们睡得更安稳。

此时，我们已经来到投资者象限这一小节的尾声。然而，在股市中，还有另一种取得收入的可能性，在我的认知体系里它属于附加收益，那就是股息分红。

股息分红

分红是股份公司分配给其股东的收益的一部分。分红方案由公司董事会提出，经股东大会表决后通过。分红可以是年度分红、半年度分红、季度分红或月度分红。在德国，年度分红比较普遍，但是在美国，季度分红是主流。分红被看作一家公司经济实力的象征，也是向股市释放的一种信号。如果我们的账户中恰好有这家公司的股票，我们就享有获得分红的权利。分红就像是我们能够取得的一种额外收益。

我们可以有针对性地购入一些优质股票。这些股票的价格长期以来表现十分平稳，并且倾向于采取更高派息的分红策略。例如，主营满足人们日常需求的物品或服务的公司的股票就属于这种类型。长期来看，这种公司保持市值和股价稳健发展的可能性更高，因为没人能不吃不喝。医药和能源也是我们日常生活必不可少的。但我不会投资能源行业，我认为现在人们在地球上利用能源做的事情并不完全合理。石油、天然气、煤炭开采，这些行业我都不会投资。如果我们每个人都能在自家屋顶上插一个小风车，说不定它也能为我们产出足够的电能。我也不投资制药行业。实际上我们还有很多其他行业可以投资。长期持有优质公司的股票，我们就能定期获得派息分红了。这种方式很简单，并且不需要花很多精力去关注。

获得派息分红特别简单。

基础准备

最后，让我占用一点儿篇幅说一下工作准备：为了能够在股市上进行交易，我们实际上需要的并不多。一台能上网的计算机，以及 2 500 欧元的启动资金，就足够我们在一家经纪公司开立一个账户了。然后，我们需要安装一个免费的图表分析软件，辅助我们完成第二象限的技术分析。

考虑到德国监管部门对期权交易的限制，我们不能在德国的经纪公司开户。因此，在投资学院里，我们一般使用全球最大的证券经纪公司，美国的盈透证券公司。一方面，它不在德国法律的管辖范围内，我们可以开展期权交易（详见第三象限）；另一方面，盈透证券公司的交易费用非常低，每笔仅一两美元。此外，办理交易变更业务，盈透证券公司不加收额外的手续费。还有，盈透证券公司提供的账户保险额度远高于德国的银行。这一系列证券交易的优惠条件，大概也是美国投资者占总人口的比重远远大于德国的原因之一。原因可能还有，美国只提供十分有限的社会保障。总而言之，在美国，个人投资者进行证券交易的环境和条件要比德国好很多。

在美国，个人投资者的投资环境和投资条件很好。

我们需要学习如何通过这类证券经纪公司的在线平台进行交易。交易过程一开始看起来非常复杂，但是在操作手册的帮助下，我们很快就可以掌握要领。就如同在进行技术分析时，我们不必弄懂全部指标一样，关于这种在线交易平台系统，我们也不是非得弄明白所有功能才开始操作。我估计，我本人大概会使用盈透证券公司在线交易平台提供的大约 30% 的功能。一般来说，掌握了一定基础知识的人，基本上就能够使用约 10% 的功能了。

通过一家美国证券经纪公司进行交易，有些人会觉得这个行为很怪异。我们的钱还是存在法兰克福的德国账户中，此外，这家公司还有德国的客服电话，这会让人感到安心一些。虽然我们是在美国进行期权和股票交易的，但是我们还是可以用欧元账户结算。如果你在瑞士，也可以使用瑞士法郎。这一点对后续的纳税十分重要。每个人在他的国家都有缴税的义务。德国的银行会直接扣除金融投资利得税和团结附加税。但是如果我们用美国经纪公司的账户进行交易，我们需要就盈利部分自行申报并缴纳所得税。关于这点，我不多介绍了，因为税收政策随时在调整。

> 每个人在他的国家都需要纳税。

至此，本书的第 4 章就要结束了，这一章的技术性比较强。在下一章，我们将主要探讨如何实现富裕和财务自由，进一步探讨本书的核心主题——追求有意义和有责任感的人生，不是努力做一个富有的人，而是努力做一个富足的人。

5 变得富足

人生的使命

一个人能成就多少事？很多年前我就这样问自己。我想知道，当一个人想取得非凡的个人成就时，他可以把自己逼到什么程度。我想知道，当想实现梦想的时候，人类会爆发出怎样的潜力。我还想知道，什么是可能的，因为我在生活中一次又一次地看到人们是如何限制自己并落后于他们的可能性的。我想找到一个能在讲座中直接出示的证据："你们看，有这么多事情都是可能的，远多于你们现在认为的。因为你们没有尝试过，因为你们想象不到，因为这些事看起来很理想化、很不现实，也因为周围的人总是告诉你们，这些事情根本做不到！"

超越自我

一个人能跑多远?

我们越是思考一个人能做到哪些事，就越觉得这个问题难以回答，因为这个问题的结果会受到很多因素的影响，有身体因素、情感因素、智力条件，此外还有培训情况、支持情况、天赋、年龄，等等。于是，我很快想到了一个仅依靠身体就能实现，也更易于量化的事情——跑步。大部分人都能跑步，跑步不像空手道或撑竿跳高那样需要特别的训练。此外，每个年龄段的人都可以跑步。90 岁的人还可以参加铁人三项里的跑步比赛呢。基于这种原因，我就可以把问题问得更细致、明确一些：一个人能跑多远?

我想到了在美国纽约皇后区举行的一个跑步比赛——“超越自我 3 100 英里[1]挑战赛”。这个比赛从哪方面看都很恼人，包括跑步总距离，也包括赛道路线。整个比赛就是围绕一个街区进行的。参赛者要一圈接一圈地跑。整个赛道一圈还不足 1 公里。普通人跑一圈需要多久？又能跑多少圈？常规的马拉松比赛一般是 42.195 千米的赛程。此外还有超级马拉松比赛，赛程可能是常规马拉松比赛赛程的三四倍，甚至更长。在这个挑战赛中，参赛者要跑多远？答案是 5 000 千米。这相当于连续跑 118 场常规的马拉松比赛。这么远的距离，人要跑多少天？是不吃、不睡、不上厕所，只是跑步吗?

2018 年，赢得这个挑战赛的人是来自圣彼得堡的 52 岁俄罗斯选手瓦苏·杜兹夫。他一共跑了 44 天 16 小时 53 秒，平均每天跑 113 千米，相当于围着这个街区跑 5 649 圈——这个街区围绕托马斯·爱

1 1 英里≈1.61 千米。——编者注

迪逊高中一周，总周长883米。在纽约30多摄氏度的盛夏，空气湿度能达到80%~95%。参赛者从早上6点跑到午夜时分。一圈又一圈。为什么比赛场地只有这么小一圈？因为只有在这么短的赛道上才能做到全天候监督这些参赛选手。

从1997年开始，在超过20年的时间里，共有39位选手完成了比赛。这个比赛是世界上距离最长的经过认证的路跑比赛：我在YouTube上看过这个比赛。我看这个比赛的时候，脑海里只有一个词：修行。跑这个比赛的人就是移动的修行者。在那种跑步状态下，身体仿佛是在独立运转，超越了时间和空间的界限。我想，这正是这个比赛的精髓。跑步并不是为了赢。

在我得知有这个跑步比赛的时候，我的好奇心立即被唤起，因为在让人印象深刻的跑步距离和赛道形式背后，这个比赛还蕴藏了更多意义。我继续检索，了解到关于这个比赛更多的故事。超越自我挑战赛的发起人是精神导师和极限耐力运动员斯里·钦莫伊。他希望将超越自我的概念和极限跑步结合起来。他推崇的理念是：一个人只有走出自我的局限，在这个比赛中指的是身体的极限，才能获得真正的喜悦和满足。这就是“超越自我”的基本含义。维克多·弗兰克尔最早提出了“超越自我”这个概念。

维克多·弗兰克尔是谁？我读过他的一些观点和事迹：维克多·弗兰克尔是医生、心理治疗师，他出生在一个犹太家庭，二战期间曾被迫辗转于不同的集中营，饱经沧桑，其间家人相继离世。不幸的经历没有让他消沉，他的意志反而更坚定了。1945年之后，他凭借惊人的毅力建立了一所心理治疗学校。他所倡导的意义疗法时至今日仍是奥地利国家认可的三大心理治疗体系之一。意义疗法是唯一将生命的意义

人在追寻人生意义的
过程中超越自我。

置于理论核心位置的心理疗法。在其理论框架下，“超越自我”意味着人类总是在超越自身原本的某些东西，变成不同于往日的自己，人类始终在追求人生的意义。在承担某种责任，热爱其他人的过程中，我们才能够实现自我，也才能够超越自我。在更广阔背景的映衬下，我们或将一度忽略自己，甚至达到忘我的境界。只有被其他的人或事物补充、填满，人类才会被彻底治愈。其中一个很重要的内在前提是，人有超越自我的能力。那么，外化的表现指征又是什么？我想，是价值。

我非常痴迷于弗兰克尔的理念，并且对其提出的超越自我的观点印象深刻。在我试图寻找一个简单证据，证明“可能性的极限在哪里”的过程中，我最终得到一个与我的所作所为完全一致的存在主义结论，我明白了我的行为是为了什么，我又想传达给别人什么。我的使命、我的事业，以及我人生的意义都是我将一生秉持的主题。与这个国家的大部分人相比，我确实更擅长向他人传播与财富相关的观念和知识，这样大家就会受到感染和鼓舞，也会像我一样过上财务自由、充满意义的人生，做最适合自己的事。在过去 25 年多的时间里，我都在与财富话题进行这种超越自我的挑战赛。在此期间，我还带动了数千人，他们之前对财富话题都不甚了解。

前面那个挑战赛的例子对这本书，以及对我执着追求的使命来说，都是一个绝佳的隐喻。我认为，它会为你打开余生财富世界的大门，但它的意义远不止于此。其意义还包括如何锻造你的个性，使其能够与富足——而不是富有——和谐相处。这样，当有更多财富涌入你的生活时，你便可以符合伦理道德，以对社会和环境负责任的态度支配财富。

这就是本书的最后一个话题：如何在财富的帮助下达到“超越自我”的状态，即自我突破并实现人生的意义。是通过承担某种责任或者爱某个人吗？在更大的意义上，我们如何能做到，在某一时刻忘记那个有微不足道的欲望和情绪的自己？

为了明白这些，我们首先要弄明白，对我们来说，更大的意义是什么。

财富对我们来说意味着什么？

不久前，当我在法兰克福证券交易所日做了一场演讲后，许多人来到我们投资学院的展位。我和同事们在与大家进行大量交流后弄清楚了一件事：这些潜在客户中的大多数人，都在“向外”寻求赚更多钱的办法。其实，大多数以赚更多钱为目标的人都是这样的。证券交易所日的活动肯定有许多上进的人来参加，然而，情况还是这样。为了拥有更多钱，大多数人都在等待彩票中奖，挖掘创业妙招，寻找正确的股票投资策略，研究最新、最炫酷的技术设备。他们总是觉得自己还缺点儿什么：一旦拥有了先进的技术设备，就会有更多的钱，然后一切就会变好了。

大多数人都在等待彩票中奖。

这种想法是不对的，实际情况也不是这样。大部分人缺乏的不是正确的投资策略，也不是运气，更不是全副武装的财富头脑。人们其实是没有正确对待财富的态度，缺乏正确的理财观念。因此，在证券交易所日那天，我们向人们介绍了多种多样的证券类别，目的就是鼓励投资者去思考除了最酷的投资策略，还有哪些事情值得关注。只有当人们弄清楚除了用于消费，钱对他们来说还有哪些更深层次的意义时，财富才会带给他们更多东西。我们可以这样问自己：

财富对我来说意味着什么？

财富之于我的意义就是家庭，我已经多次阐明这一点了。我希望有尽可能多的时间和家人在一起，陪伴我的妻子和孩子。财富对我来说还意味着对社会和环境的责任，我通过广泛的捐赠、资助他人，以及支持项目建设履行这一责任。我更大的人生使命在于，让人们知道如何从“仓鼠轮”上逃离，如何活出属于自己的意义。

有了更多钱之后，你想用它做什么？就像每个人选择读这本书的原因都不尽相同一样，财富对每个人的意义也千差万别，并不容易定义。本章作为本书的最后一章，主要探讨的是如何寻找人生使命，以及财富如何帮助我们更好地活出人生意义、更好地承担个人责任。我们必须做出选择：到底应该无意义地消费，还是有意义地生活。两者都想要的话恐怕有些难度。人总是要有某个侧重点。如果追求的是在不必要的奢侈品上消费，我们就做不到专注于有意义的人生。把消费作为人生目标本身就不是有意义的。“我人生的意义就是有尽可能多的钱，尽可能把钱花在个人享乐上。”这句话听起来是不是很违和？所以，我们需要在这一章详细地探讨，我们如何在拥有“富足感”（我们在第 3 章谈到过这个概念）的前提下，进一步实现如下目标：

1. 在拥有“富足感”的基础上创造更多财富。
2. 专注于自身，在真正重要的事情上投入更多时间。
3. 在追寻人生意义方面变得更有力量。

> 我不必再为生计发愁。

在我的人生中，曾经有那么一天，在某一时刻，我意识到我的钱已经够花了，无论我活到 70 岁、80 岁、90 岁甚至 100 岁，只要我没有失去理智，我的钱就肯定够花。那是一个美妙的时刻，我有一种“耶，终于搞定了！”的感觉。但与此同时，伴随着这种感觉的还有其他的一些情绪：我刚刚把自己的最后一家公司卖了。不能说我有多么郁闷，但是至少我心里有个地方感觉空落落的。不过，最终我还是走出了这一小片虚无，原因是我想通了我来到这个世界究竟是为了什么。我找到了问题的答案。我之所以能找到答案，是因为我拥有良好的先决条件，那就是我不缺钱，不必再为生计发愁，在这种前提下，很多事情就会变得不一样。

太多时候，由于工作过于繁忙，我们并没有发觉自己的兴趣爱好。我们每天上班下班，循环往复，只有这样才能履行自己肩负的经济责任。这一切与梦想、使命和人生意义无关，它首先解决的是生存问题，诸如房屋贷款或租金、生活费、吃穿用度。我清楚有多少人还处于入不敷出的状态。每天，他们从睡梦中醒来，就会感觉自己已经为挣钱这件事花费了太多时间，生活中只有挣钱，却没有时间实现自己内心真正的所想所愿。许多人在刚开始追求自己梦想的时候便遭受了命运的打击。还有很多人从未想过这些事。

我衷心地希望每个读者都可以找到自己的热爱，或许你已经找到了。我希望能够帮助大家尽可能广泛地体验自己喜欢的事情。但这一切的前提是实现财务自由，这也是我一直反复跟大家表达的观点。只有这样，随着时间的推移，你的财富状况才不会阻碍你，你才可能远离“仓鼠轮”，获得解脱。

我写这些不是贬低某些人当下的生活状态。他们可能对当前的生活已经非常满意了。他们也许会说，自己在努力挣钱的过程中也一样能实现人生的意义。这当然是很理想的情况。我所描绘的情况是，举个例子，幼儿教师完成了意义非凡的工作，但收入相对较少。因为收入太少，他们大多生活不宽裕，于是只能增加工作时长。幼儿教师的工作是很有价值、很有意义的，他们在孩子融入社会生活之初提供了很多帮助，让孩子良好地迈出了第一步。幼儿教师实现了人生意义，这是很伟大的。但是，如果幼儿教师的工资收入更高一些，他们的生活压力就会更小一些，老年时的生活可以更有保障，在日常生活中也有更多的钱可供支配：选择可持续的生活方式、购买更健康的有机食品、与家人一起度假等。这就是我所提倡的状态，兼顾“接受生活原本的面貌”和“自我的成长与实现”。我们要在接受现状的同时改善现状。

接受现状，但也要有所改善。

当问题不再是问题

几年前，我还在原来的公司工作，在一次销售会议结束之后，我对我的团队说：“嘿，我有一个惊喜给大家，这周六公司组织大家一起去团建。”瞬间，屋子里弥漫起欢腾的气氛。“我们上午 11 点集合。”我能感到屋子里的气氛开始降温。

我听见有人嘟嘟囔囔地说：“别闹了吧，菲利普，上午 11 点怎么开派对啊？”那个时候，我们团队的很多成员都还不到 30 岁，既成功又多金。

我听到他们说的话，但是，我没有进一步解释，我只说：“我们周六上午 11 点在办公室门口集合，然后一起出发。”

那天，我们大家一起出发，驱车穿过城市，驶向此行的目的地。那是一座像古老庄园一样的建筑，前面有一扇大铁门，后面是一个郁郁葱葱的大花园，院中的一座小山上是一栋巨型别墅。司机把我们的车泊在了一

你有哪些担忧？

个停车场里，我从支架上拿起话筒："我们两个小时后还在这里集合，我希望你们都能不虚此行。大家可以与这里的孩子们说说话，玩一会儿，或者随便做点儿什么其他的。住在这座房子里的都是些不幸的孩子，他们的生命可能不会太长了。"

我们去的是一家儿童临终关怀中心，那天正好是这家关怀中心的开放日。

两个小时后我们回到车里。那是我有生以来第一次坐在一辆满载着人的车里，而 45 分钟，没有一个人说一句话。孩子们还是在一起玩耍，就好像什么都没发生一样。这些孩子让我们这些人懂得了人应该如何与自己的境遇共处，接受现实，但又活在当下。

很多人看到的永远是问题，抱怨所有事、所有人。此处，我所指的不是那些真正被痛苦折磨的人，比如有些人刚刚失去了亲人朋友，曾经或者正在遭受虐待或其他形式的暴力、身患重病或者遭受了重大的人生打击。我指的是总是不遗余力地找问题，就是为了证明自己是一名受害者的那些人。

假如你的爱人与邻居暧昧不清，同事总是在团队会议上打断你说的话，或者你买不起超大纯平屏幕，你便因此认为自己的生活充满了问题，那么你可以尝试做一些特别的事情。第一件是入门级的，你可以去街角的养老院，看看哪些老人是无人探望的。护理人员打开门，把饭菜送进去，关门；一个小时后，开门，把盘子收走（无论饭菜有没有吃完），再关门。你可以直接问一下，这些老人里有谁是无人探望的，然后，你去探望他们。有过这样的体验之后，生活中那些微不足道的小问题对你来说可能很快就不再是问题了。

我们必须准备好摘下自己的"保护眼镜"，这个"眼镜"是我们为自己的理想生活创造出来的，戴上它之后，我们不再关注别人的生活，只想更加善待自己。然而，在这种情况下，我们其实是营造了一个只有我们自己的并不真实的世界。这会导致问题变得更严重。当我们最终睁开眼睛，看到他人的悲伤和痛苦，开始思考自己有什么东西可以给予他人时，我们会感到更加煎熬。事实是，德国的生存环境已经相当好了。就算最穷困的依靠失业救济金生活的人，过得也比孟加拉的 11 岁孤儿女工要好 10 倍。

> 戴着保护眼镜，问题会变得更严重。

如果想有更深刻的体验，那么你可以去儿童临终关怀中心看看。最近几年，德国的大城市里有很多这种关怀中心。我和同事们一起去的那次已经是很久以前的事了，但是我永远无法忘记那些孩子的眼睛。其后几年，我又多次拜访了那家关怀中心，我也成了那家关怀中心非常活跃的资助者之一。

我之所以讲这些故事，是想说明问题具有相对性。为了能用相对的视角看待问题，我们需要睁开双眼，看看我们周遭的世界在发生什么。大部分人都情愿闭上眼睛，捂住耳朵，因为他们认为，见证别人的痛苦是一件很压抑的事。是的，这确实很压抑，也常常令人感伤。看到别人过得不如意，我们的心里也会感到痛苦。但是，苦难本就是生活的一部分，没人能够幸免。当我们观察，进而思考如何帮助他人时，我们便真正融入了生活，我们也许会突然发现，原本以为的那些压抑和痛苦其实并不存在，我们变成了取与予环节中的一部分，这个部分又构成了我们生活的全部。然后，我们便会意识到，凡事都不是只有一个方面。养老院里有一位老人，他话很少，但是一直在倾听。我们到哪里能找到这样一个人，愿意花这么长时间听别人说话呢？儿童临终关怀中心的孩子们向我们展示了如何在悲剧性的命运面前还能心态平和地生活，他们没有歇斯底里，没有抱怨，也没有愤怒地一直问："我活着还有什么意义？"已经有太多的人囿于这句话，无法接受现实的人生。我们为什么不能直视委屈和痛苦，在苦难中成长，同时发现避免痛苦、帮助他人的途径呢?

为什么“不用工作”不是人生的意义?

我们投资学院有一名学员，他在我的帮助下从股市赚了不少钱。不久前，他给我发了一封邮件，里面附带一张照片。照片上有一辆黄色的兰博基尼，他坐在驾驶员的位置向镜头招手，看起来悠闲自得。他的样子真的特别酷。我读了邮件，也看了照片，心里想:“好吧，你喜欢就好。”

又过了一些日子，他发来了另一封邮件:“菲利普，我希望再次感谢你和你的团队。我是三年前在你们那儿参加的培训，它对我的人生产生了这样的影响——我和家人一起去了约翰内斯堡附近的克鲁格国家公园，你快看一下照片。”我打开了邮件的附件。照片上，他和两个孩子还有妻子一起，坐在一辆绿色的吉普车上，旁边还有一位身形健硕、笑容灿烂的当地工作人员。他还写道:“15 年来，我和孩子们都幻想有一天能到非洲体验野生动物之旅，我们为此存了很久的钱。成为投资学院学员后的第三年，我的愿望实现了。”那一刻，我坐在办公室里，眼睛似乎泛起了泪花。如果还开那辆黄色的兰博基尼，估计他也只能去易北河了。

大多数人在获得了财务自由，不用再把所有时间都用来挣钱之后，他们表面上看起来都非常自由。但是，获得财务自由不等于获得了人生的意义。我也是一样的，财务自由不是我追求的人生意义。正如我之前所述，意义层面的东西是后来逐步构建的。

有一次，我妻子对我说:“你需要出去做事情，否则你会变得又胖又懒。”那时，我的第一反应是，我儿子就是我生活的意义。但其实不是这样的。读到这里的朋友肯定都知道，我的两个儿子和我的妻子是我人生中最重要的三个人。即便如此，有那么一刻，我也意识到了，我的家庭和家人并不是我永恒的人生使命。归根结底，这些都是进化论的安排，人类的基因就是这样设计的，我们会遇到一个喜欢的人，幸运的话，会找到至爱的人，之后我们会有孩子，然后把孩子们养大。我会帮助孩子们培养良好的个性，向他们传播价值观，时刻陪伴在他们身边。我甚至做好了为孩子们奉献自己生命的准备。但是，孩子们长大之后呢？

获得财务自由不等于获得了人生意义。

在陪伴孩子们度过一段时光之后我又开始思考我的人生意义，最后，我终于领悟了。我妻子的话是有道理的。于是后来，我便创立了投资学院，践行我的人生使命。将来，我的墓碑上会写着："菲利普·穆勒向世人展示了如何摆脱在'仓鼠轮'上奔忙的现实，以及如何收获人生的意义。"

如果你在还没有获得财务自由的时候，就开始思考人生的使命和意义，你就会像我的那位学员一样，在极短的时间内就明白和完成很多事，他甚至都来不及想清楚这一切是怎么发生的。

有的人仿佛生来就掉进了财富行业的魔法药水里，就比如我。我在本书一开头就介绍过，我只擅长处理财富问题。小时候，我在玩《大富翁》游戏时总是赢；长大了，我一连开了很多家公司，每一家都很成功；后来我又去股市投资，也赚得盆满钵满。而有的人则掉进了健康行业的魔法药水里。多梅尼科·古尔齐就是这样的人，他提出的新型治疗方法可以让常年坐轮椅的人重新站起来。还有一些人则掉进了心理学行业的魔法药水里，比如乌尔丽克·谢尔曼女士，她帮助人们自由地

你掉进了哪种药水里呢？

寻找人生的意义，化解妨碍他们实现人生意义的心理障碍。

让我们每个人都发挥自己的天赋，做出一些成就。让我们凭借个人的天赋，尽可能多地实现人生的使命。在这方面，财富可以辅助我们。

4 个问题

数千年来，关于人生意义的问题一直牵动着人类的心弦。哲学家为这个问题上下求索，即便是最平凡的普通人，也在不断追寻这个问题的答案。与此同时，我发现，人类可以用更具体、更务实的方法来思考这个问题。如果我们以为将来会有时间让自己完全安静下来，在一间修道院里或者在圣迭戈的朝圣之路上再去思考这些问题，那么我们恐怕永远都得不到答案。因为我们根本不会有时间去修道院冥想，也大概率没时间去走朝圣之路。于是，我自创了 4 个简单的问题帮助我们明确自己的内心。建议你最好在读到这些问题的时候马上作答，拿出一张纸就够了，把 4 个问题抄下来，然后在每个问题的后面写下答案。不要沉思和拖延，写下自己不假思索、下意识的答案。

但是，这往往说起来容易做起来难。于是，我想先向你介绍乌尔丽克·谢尔曼女士提出的方法，它可以帮助你实践我的建议。

之后，你将读到我为你准备的 4 个问题，如果你准备好了纸笔或者电子录入设备，就请你马上开始“写作冲刺”吧！

如果你还未仔细考虑过个人财务问题，那么很有可能你不能马上给出这 4 个问题的答案。在这种情况下，你可以再读一遍本书的第 2 章，把自己的收入、财产以及你每月生活所需列出来。

来自乌尔丽克·谢尔曼的题外话：思维写作

人们进行思维写作，是把写作当作思考和学习的工具，为的是找到巧妙的想法和新的思路，并把内在的思想世界一五一十地记录下来。通过记录，我们可以整合新内容，学习新知识。因为人类总是思绪万千，喜欢在一个想法上一遍遍地兜圈子，直到这个想法彻底混乱或过于“深思熟虑”。在这方面，思维写作可以帮助我们将心中萌发的想法和冲动直接表达出来，落实在文字上。尤其是所谓的“写作冲刺”，它可以帮助我们将想法不假思索地记录下来。

在进行思维写作的时候，要尽可能快地把所有关于特定问题的想法写下来，不要停，也不要多想。最重要的就是不要停下手中的笔或者敲击键盘的手指。不要多想，写就好。把句子写下来，片段也行，哪怕是关键词，想到什么就写下来。如果感到自己的脑子好像空了，没有想法了，那就把刚刚写的最后一个字多写几遍，有时可能需要写很多遍。然后，思路就会继续，因为思维从来都不会停滞。为何这种快速不停的写作方式如此重要？可以这样说，关于那些最古老的问题，我们会有直接来自潜意识的答案，但是它产生后，会马上被我们头脑中的社会化标准影响。因此，想到什么就要马上写下来，这是属于我们自己的答案。

在每个问题上花三五分钟的时间，把所有想法写下来。然后回头读一下自己写的内容，把自己认为有趣、有深意以及重要的部分标注出来。最后，在结尾写上简洁的中心思想句，为全篇点题。

回答这4个问题仅仅是一个开始，之后的6个月，你需要把这4个问题带入现实生活，最好能每天都问问自己这些问题，这很重要。

将这4个问题带入现实生活。

你可以，比如每天花4分钟写下这些问题的答案：每道题1分钟。当你找到自己人生的使命和意义之后，你的收入会飙升。这听起来可能让人觉得不可思议，但这是通过我自身的经验证实的，不仅仅是我本人，投资学院的学员也有切身体会。若你没有明确自己人生的使命和意义，你就会缺乏目标，这就好比在大海里游泳时不知道方向。

问题1：我个人对“财务自由”的定义是什么？

问题2：实现财务自由对我的人生意味着什么，之后我的人生会是怎样的？

问题3：我个人的人生使命和意义是什么？为什么发展财富对我来说很重要？（这里的关注点不是“如何”，而是“为什么”！）

问题4：为了实现财务自由，我每月的净收入需要达到多少？

人生的意义

有一回，儿子跑来厨房找我，那时他五六岁，我记不太清楚了。他对我说：“爸爸，告诉我……”

孩子总是无比真诚和直接。

“爸爸，你为什么这么胖？”

这绝对不是一个令人愉悦的问题，但是，我还是认真回答了：“嗯，因为爸爸爱吃甜食，爸爸有一点儿管不住自己的嘴。”

然后他在我的伤口上继续撒了一把盐：“但是你看妈妈，她那么瘦。”

“是的。”我还能说什么呢？孩子说得对。

然后，儿子觉察到我似乎不太喜欢这个话题。他说出了一些让我震惊的话：“爸爸，你知道吗？我不是嫌你胖，我只是希望你长命百岁，我可以有多一点儿时间跟你在一起。”

说完，他就坐下了。直到今天，每当回忆起儿子说的话，我的心还是会颤抖不已，甚至因此老泪纵横。那一天，在厨房里，儿子给我好好地上了人生的一课，我更加明白人生的使命是什么了。

每当思考自己到底为什么需要拥有财富时，我们的脑海中总是会浮现各种各样的想法。很多人一开始便会把财富与物质捆绑在一起，比如名表、名包、白金首饰、豪车、豪宅、设计师家具等，然而，这些其实并不是财富真正的意义。财富是自由人生的入场券。如果我们将关于个人使命的认知与正确的财富管理策略结合在一起，那么这无疑将为我们个人财富的未来发展铺平道路。

财富是自由人生的入场券。

举个例子，在我们家，绝大部分食物是有机的。蔬菜是当季的、本地生产的。肉类也来自有机农场。在那里，人们吃掉的每一头牛或每一只羊，都是农场自己饲养的。此外，我们还会时不时地去一下高档餐厅。这一共需要多少钱？大概每个月 2 000 欧元吧。可能有人会说，保时捷和法拉利很昂贵，但是我们说的不是同一件事。让自己吃得健康或者自由自在地去旅行才是真的“贵”。你也可以送孩子去一所好的学校，那里秉承的教学理念不是培养出多少律师，而是培养出常怀喜悦之心接纳自己、善用自身天赋的人。学校不应该培养只会遵从系统秩序、机械地工作，刚30岁便要精神枯竭的人。

你的答案无论是什么都可以。为了朋友、家人、旅行、艺术、音乐、舞蹈、阅读、学习、环保的生活方式、合理饮食、健康：有意义的目标没有一定之规，也不涉及对错。你可以问问自己：如果目标实现了，情况会是怎样的？我会做些什么，怎么做？

乌尔丽克在她的书中建议人们应该把幸福而不是恐惧作为人生意义之路上的指南针，虽然很多人的行为都受恐惧操控。恐惧一般源自不好的经历，人们会把曾经出现的感受映射到对未来的预见中：一个人如果曾被别人取笑，他就会害怕再次发生这样的事。这不该是引领人生使命的指标。因此，乌尔丽克建议大家问自己如下这些问题。问题的答案会提供关于什么是符合你个性的，以及你的人生意义可能会是什么的有趣提示。

○ 做什么事会让我感到快乐？
○ 我儿时最喜欢做的事是什么？
○ 我做什么事时会忘记时间？
○ 我擅长什么？
○ 大家会因何事向我求助？
○ 我能够为世界和他人贡献什么？

乌尔丽克还创造了一个思维游戏——“假如明天是生命的最后一天”。只要认真思考这个命题并体会自身的感受，我们就会忘记所有不重要的事，剩下的只有内心深处真正在乎的事。通过这个思维游戏，你可以更清晰地认识自己。当你能够切身感受到自己生命的有限性和局限性之后，你就会更清楚自己最终沉淀下来的人生目标是什么。

请你想象一下如下情景：

在快要告别人世前，我坐在门廊前的摇椅上回看我的人生。最重要的是什么？而哪些又是多余的？

这个思维游戏需要我们花更长的时间和更多的精力去体悟。我们不仅要去思考，还要去感受，这样我们才能从中发现人生的意义。我的叔叔格尔德在这方面给了我很多帮助，我会在本书最后的结束语部分介绍他。

如果我们已经找到了人生的使命和意义，那就到排除阻碍的时候了，要排除那些妨碍我们实现人生意义的因素。关于这一点，我们在第3章讨论过了。那些行之有效的方法可以帮助你轻而易举地清除障碍，为实现人生使命铺平道路。我们必须正视这一点。毕竟，如果一个在行政部门工作的女员工发觉她其实是想从事与小动物有关的工作，因为这是她的人生目标，但同时她又认为“这种工作根本养不活我自己”，她其实无法做出任何改变，之后的一切也就无从谈起了。

与自己做一笔交易。

这本书不是励志书。我也不可能亲自监督你，问你“为什么不按我说的做”。但是，你可以与自己做一笔交易。你可以自己承诺，在人生走到尽头的时候你能做完所有你认为重要的事。此生无法重来，请你为了自己认为重要的事情，全力以赴。

财富让世界更美好

一次，我和妻子一起去参加幼儿园组织的父母谈话。几乎每次父母谈话我都会参加，儿子们上学后也不例外。我们两个坐在艾伦园长对面。我跟艾伦园长非常熟悉，因为之前我教过她和她家人滑雪。我们一起谈论幼儿园发生的事和我儿子的表现。聊着聊着，艾伦园长突然问我：

“菲利普，你听说过我们那个项目吗？”

“艾伦园长，你指的是哪个项目？”

“就是音乐课项目。”

“哦，我只是略有耳闻。”

然后她说：“我想跟你讲讲我们当初为什么组织这个项目。”

“好，你请说。”我很好奇幼儿园发起这个项目的原因。

“我们这个音乐课项目是为了把老人和孩子组织到一起。我们这里有很多孩子，他们的祖父母住得很远，这些孩子缺少祖父母的陪伴，没有老人给他们讲故事或者烤点心。”

“是的，确实很遗憾。祖父母的陪伴对孩子来说很重要。”

我想到了我自己的父母，他们住的房子离我们家很近，他们经常可以陪伴我的孩子。

艾伦园长接着说：“同时，在我们幼儿园附近也有很多老人，他们没有家人在身边，既没有人陪伴他们，也没有他们可以陪伴的人。

于是，我们就发起了音乐课项目，把没有祖父母陪伴的孩子以及没有孙子女陪伴的老人组织到一起。每周三上午 9 点，在一位音乐老师的带领下，老人和孩子一起上音乐课。老人会带乐器，有吉他、口琴，他们会和孩子一起唱德语民谣。”

“美好的事情。”

紧接着，艾伦园长说：“但你知道吗？菲利普，我不得不跟你说，我们这个音乐课项目下半年就办不下去了，因为聘请音乐老师的经费被取消了。”

事情听起来有些严重。

“艾伦园长，如果想继续维持这个音乐课项目，需要什么呢？”

“你是说整个项目吗？”

“嗯，我的意思是说，接下来半年，要付给这位音乐老师的费用有多少？”

“2 500 欧元。”

我看向我的妻子，她点了点头。然后，我就把手伸进了裤子右侧的口袋里，准备拿钱。艾伦园长瞪大了眼睛看着我：“菲利普，你不是在开玩笑吧？”

“当然不是，园长。你了解我的，我一直是一个说到做到的人。”

“那个，我们幼儿园也收不了现金。”她看起来仍然一脸困惑。

“没问题，那我明天给幼儿园转账。”

她笑了。

“但是，你肯定也了解，我做什么都不是白做的。”我说。这话乍一听略显直白。但我确实是要求回报的，这个回报可以是一种良好的感觉，可以是开心的体验，也可以是其他一些有形的东西。“艾伦园长，我得要回报。”

“那好，你说，你要什么？我们能为你做点儿什么？”

我想了一下。这个音乐课上课的时候应该是不允许父母在场的，这样孩子就可以直接跟老人接触，不会被家长分散注意力。我想到我要什么了。

“艾伦园长，我想跟你商量，你看下周三上音乐课的时候能不能让我和我的妻子也参加？”

艾伦园长看了我一眼，眨了眨眼睛，对我说：“我认为，可以为你们破一次例，让你们参加。”

财富意味着承担责任，且是重大责任。

于是，第二周的周三早晨，我和妻子来到幼儿园的一个大厅里，它被称为体育馆，但其实是个多功能厅。我们 8：45 就到了，比其他人都早。大厅里摆着长椅和垫子，到处都是五彩斑斓的手工绘画，很有幼儿园的特点。我和妻子选择坐在最后面的一个角落里。不一会儿，第一位老人便走了进来。他看起来大概 75 岁，走路有些蹒跚，他的背向前弓着，腋下夹着一把吉他。然后，又来了一位老人，他带着口琴。紧接着，一位接一位，老人陆续到齐了。也有的人只带了乐谱。老人或坐或站，都在大厅里等待着。

财富的意义何在？

不一会儿，孩子兴奋地大喊大叫的声音传了过来，老人便开始准备欢迎仪式。他们在门的两侧面对面站成两排，把胳膊举高，与对面的人的手握在一起，这样就形成了一个拱形门。有 15 到 20 个孩子在幼儿园老师的带领下，跑过老人为他们撑起的拱形通道。之后，孩子排好队，举起胳膊，做了与老人一样的动作。刚刚还步履蹒跚、行动不便的老人此刻都精神起来，他们神色认真、姿态优美地穿过了孩子为他们撑起的拱门。

在那一刻，我又一次深刻地体会到了财富的意义。

富足的人和富有的人

长久以来，我多次问自己关于经济社会意义何在的问题。我得出的结论是，建立在市场经济之上的民主是社会能够赋予我们的最优越的制度体系。当这个制度体系具备某种内在能量，可以让富有的人感到富足，能够将个人财富置于伦理道德责任的框架之中时，它的优越性就可以充分体现出来了。这是社会得到升华的关键时刻。当一个人拥有了多于其基本生存需要的财富时，他就应该承担起伦理、道德、社会和环境的责任。拥有财富意味着承担责任，且是重大责任。当一个人比其他人更富裕时，他理应帮助他人。能够内化并且秉持这种理念的人便不再只是富有的人，而是富足的人。富有的人和富足的人同样拥有财富。但是，他们之间的区别又非常明显。让我用一个比较夸张的方式来举例说明。我们先来看一下富有的人是什么样子。

有钱人一般都有很高的收入和较多的资产。他们的故事总会隔三岔五地出现在某些报纸或杂志的首页上。有钱人总是这儿有一套房子，那儿有一栋别墅，也许还有大游艇。他们有 10 辆或 20 辆车。他们可能是富二代、职业球员、顶级模特、好莱坞电影明星或歌星。他们一般都是在短时间内积累了大量财富。人们可以在时尚派对的照片中看到他们的身影，会有一堆摄影师围着他们。他们从酒店退房之后，房间总是一团糟。他们有妻子，也许还有两个儿女，但是在伦敦还有女朋友，在东京和洛杉矶也有。这些人在我眼中只是富有的人。

我们再来看看富足的人是什么样子的，这是我个人的观点，不是字典上的官方定义。这些人往往几乎不为我们所知，我们不会读到、听到或者看到有关他们的事情。他们看上去不太显眼，在生活中也没有太多特别之处。但是，他们银行账户上的钱不比任何有钱人少，收入也不比其他有钱人低。而且很可能，他们的财富更具可持续性，因为他们具备富有的人所不具备的特征和品格。他们的财富个性与其价值体系是匹配的，这个体系强调的是伦理、道德、对家庭和合作伙伴的责任、平等、公正，为社会做贡献和助力环保。他们一直过着遵循高尚伦理道德和价值观的生活。正因如此，他们对其他人起到了榜样作用。

在成为富足的人的路上，我们是需要导师的，这位导师应该能够通过亲身示范让我们知道富足的人应该是什么样子的。导师还可以提供建议，帮助我们改正问题并给予指导。

以上就是富有的人和富足的人之间的差异。那么，在寻找导师的时候，我们又该如何分辨他是什么样的人呢？假如他只是富有的人，他肯定会把宽敞、崭新的保时捷汽车径直停在家门口，这样所有邻居就都能看见它了。针对这些人，我们投资学院的营销同事往往会采用视觉语言与之沟通，使用保时捷、别墅和劳力士金表这样的元素，展示我作为这些财物的所有者，坐在马尔代夫的沙滩上，或者轻松地靠在泳池边。再浮夸一点儿，旁边还围着一群时尚的女孩儿，身上穿着比基尼。换句话说就是，普通的有钱人一般都爱炫耀，他们靠钱来提高自尊心，贪图自我享乐，还经常滥用自己的财力。

我想鼓励大家，做富足的人。

我想成为富足的人，而且我认为我确实是这样生活的。我之所以讨论这种差异，是因为我发现我们的社会在“做一个富足的人”和

"像富足的人一样行事"方面还有很大的进步空间。很多人在这方面的潜力还没有被激发，依然有很大的可能性。

自由与责任

人在有了很多钱之后就有能力做很多好事。这就是我的初衷，我希望凭借自己的能力让这个世界变得更美好、更公平。人也可以用钱来做坏事，所以很多坏事与钱有关。我不会这样做，而且我想动员大家持和我一样的财富观。当你创造了更多财富，你自然就拥有了更大的可能性，能够凭借自己的财富实力去做更多好事。如果你承担了社会责任，便实现了利他的人生意义。如果你承担了生态责任，便造福了自然环境，当然也保护了动物，对我们生存的世界做出了贡献。你参与并承担责任的方式由你自行决定。你可以，比如把财富的一部分拿出来，捐给真正需要钱的项目或个人。简言之就是：

<u>你可以利用手中的财富让世界变得更美好。</u>

你可以想象一下这个情境：你已经拥有了一套致富体系，并且想马上开始将自己的一部分月收入捐赠出去做一些好事。我们最好能马上确定一个比例，比如你每月净收入 2 000 欧元，你未来想把其中的 5% 用于慈善捐赠，这样你就等于每月做出了 100 欧元的社会贡献，把钱捐给了需要的人或者你愿意支持的项目。与此同时，你的财富个性将因此而得到进一步发展，你也会开始学习各种各样额外的东西，也许还会遇到

你可以让自己的成功造福所有人！

一位导师，他会在这个过程中给予你诸多帮助。最终，你的收入将实现翻倍，提高到每月 4 000 欧元。如果此时你还像原来一样捐赠其中的 5%，那么你的社会贡献也将翻倍，达到 200 欧元。此时，你可能会考虑提高捐款的百分比，因为毕竟你的收入已经翻倍了，不一定非要按照原来的比例捐赠了。你也可以像我一样将收入的一部分捐赠给临终关怀中心，多年来，我除了参与其他各种类型的公益项目，还会定期向临终关怀中心捐赠。根据我的经验，这种有固定比例的捐赠会让人感觉更快乐，钱早就在特定的账户里准备好了，就等着被捐赠出去。

我们可以把这种财务领域的例子延伸到生活的很多场景中。我们更好地帮助他人的能力，不仅体现在金钱方面。一个人的成功不仅仅对自己有意义。我们可以从自己的能力出发，更好地承担社会和生态责任；我们可以有更多时间陪伴家人；我们可以用自己掌握的知识帮助他人；我们可以以身作则，为他人树立榜样。有了良好的财富个性，我们就会拥有广泛的人际网络，这对我们身处的领域来说也是一种资源贡献。因此，我们可以得出结论：一个人的成功，无论是财富层面的还是其他层面的，对其他人来说都是有意义的。我们可以用自己的财富和成就造福他人，这是一个多么美妙、多么鼓舞人心的想法啊！

但是，这种想法也可能会成为某些人的负累。有些人在面对“用自己的成功去造福别人”这种想法时，感受到的是压力。他们不是慷慨之人，不愿分享，他们追求成功和财富的原动力是自私的。也有很多人就只是想积累更多财富，甚至自己都不知道获得更多财富是为了什么。钱被存在账户中，或者被投入某项投资，没有人从中受益。财富的能量不再流转，赚钱的意义也消失了。在这种情况下，钱就成了负担，会滋生嫉妒和怨恨，还会使人欲求不满，此时，人们就不会考虑自己肩负的个人使命。反过来，这种或有的发展趋势，也是很多人拒绝拥有财富的原因之一，这可能会导致人们在一夜暴富之后，又在一夜之间散尽千金。

自由意味着承担责任。当实现财务自由之后，我们也要承担相应的责任。因此，我鼓励大家，如果想长久地富裕，利用财富造福自己也造福世界，那么我们需要勇于承担责任。

你想利用自己的财富做哪些好事？

没有闲钱的人也能捐赠。

这个问题并不容易回答。有的人会说："可以捐赠。"他可能马上又会碰到同样难以回答的问题：捐什么？捐多少？是应该自己分配捐款资金，还是找一家机构处理这件事？往国外捐还是往国内捐，哪边的人过得相对来说没那么困难？如果手头没有闲钱捐款，那么我还能做什么？是不是就不用再看这本书了？对于最后一个问题，我的答案是：不要这样想，千万不要。除了捐钱，给予还有很多其他的形式。下面我会为你介绍三种给予的形式。这样你就可以有所选择，就没人可以说"我没钱""我捐不了"这种话了。人们总可以贡献点儿什么，以各种不同的方式。

给予总是有可能的

有一次，我的大儿子问我："爸爸，什么是给予？"

我考虑了片刻，怎样跟一个 6 岁的孩子解释清楚给予是什么。

"比如你在学校吃午饭，当你走到收银台边想要付饭费的时候，你看到跟你一起去吃饭的同班同学没有买任何喝的东西。你想起之前当你把一瓶牛奶放到餐盘上的时候，他看了一下你要买的牛奶。此时，你便转身回到放牛奶的货架又买了一瓶牛奶。在你们吃饭的时候，你很自然地将那瓶牛奶推到了那个同学面前。你们一起吃饭，一起喝牛奶。给予就是：有的人没钱购买一些东西，或者因为某些原因做不到一些事情，你很自然地帮助了他们，并且没有小题大做。”

自此以后，我儿子便会经常按照我说的，做一些帮助别人的事情，还会跟我们分享他的快乐。他体会到了其中的乐趣。

在此，我想向你介绍三种不同的给予方式。哪一种更适合你、你更有可能做到、更感兴趣，你就可以选择哪一种。给予的实质是帮助他人，不一定必须采用捐钱的形式。但有一点是确定的：给予总是有可能的。每月拿出 1 小时的时间做好事，或者捐 10 欧元给儿童紧急援助项目都是可以的。

1. 捐钱：在本书第 2 章，在介绍“锅子系统”时，我们就提过这种捐赠形式。你可以把收入的一部分，一般是 10% 存入一个专门用于捐赠的账户。这种把打算今后用于捐赠的钱提前准备好的方式让我觉得非常舒适，因为这样人们就不会觉得捐给别人的钱是刚从自己口袋里拿出来的。这些钱早就在“锅子”里等着了，我们只是把它拿出来用。这样一来，捐钱给我带来的快乐更多了，许多人也表达了类似的感受。
2. 捐时间：如果你不喜欢捐钱，或者没有闲钱用于捐赠，那么捐时间也是一个不错的选择。我觉得有必要重新定义一下捐赠的形式：投入时间也是一种捐赠。我之所以强调这点，是因为有很多人不把时间投入视为一种捐赠，甚至小看了这种投入的价值。谈到这一点时，我会想到志愿者的工作。很多人都做过志愿者，比如到学校为孩子们朗读；通过电话谈话帮助绝望的、有自杀倾向的、深度悲伤的或者身陷苦难的人；陪伴那些在世上已经没有亲朋好友的人走完人生最后一程。具体的清单还很长，我希望能让你思考，如果你想给予他人或做出有益的贡献，除了捐钱这种传统形式，还有哪些形式适合你。

3. **捐经验**：第三种给予形式是捐经验。装修工人可以告诉邻居地下管道是如何铺设的，墙怎么刷。IT 专家可以给邻居讲解如何搭建无线局域网。如果你能教会附近的居民如何打井，他们就不用花钱买瓶装水了。我呢，就是在传递关于财富的知识和经验。将财富知识带入校园，这件事我现在还在持续地做。我想捐赠与财富有关的知识和经验：学生、青年、成年人都应该学会，如何凭借良好的、包括财富个性发展在内的财富行为，更好地与财富共处，并实现财务自由。

但我不仅仅贡献时间和经验，在更多情况下我会捐钱。我乐于做出这样的选择，因为与捐时间相比我更乐意捐钱，我想把大部分时间用于与家人相处。我想向你讲述，是什么机缘促使我开始捐赠和给予的，那一年我还只是一名 19 岁的高中毕业生。我给你讲这段往事是有原因的。我认为，在理想的情况下，捐赠和给予需要有一些个人的机缘。如果你在捐赠的时候产生了很强的幸福感，那么一定是因为你觉得自己的捐赠用在了正确且重要的事情上。当你有了这种动力，你的行为就是发自内心的。你的心灵一旦受到了触动，并产生了捐赠的意愿，此时此刻就是你让世界变得更美好的时刻。

> 在理想的情况下，捐赠的意愿是由心而发的。

1997 年，美墨边境

1997 年，我高中刚毕业，毕业证书还是热乎的。当时，我已经申请了法学院，但距离 10 月开学还有一段时间。我的一个高中同学写信给我，我们的关系一直很好，但是他高中一毕业就去了美国。他在信里说："你干脆来找我吧！"

为什么不？我收拾好行李，办好了旅行签证，几天后，我就到达了圣迭戈。

"我们现在要做什么呢？"我问。我们一头扎进加利福尼亚州的地图，计划来一场往返旅行。我们打算用 4 周的时间玩遍加州：先去旧金山，然后去圣何塞、洛杉矶，最后回到圣迭戈。旅行开始后，我便彻底沉醉其中了。加州的人很开放、善谈、好客。这里气候炎热，日常生活几乎全在户外。每天人们的生活都充满了欢声笑语，居民生活富裕。我们两个人也过了 4 周有些"奢侈"的生活。其间，我们甚至去了一趟拉斯韦加斯，这真是一座疯狂的大都市。洛杉矶也让我印象深刻，这是一座名人很多的城市，想要成为名人，实现阶层跃迁的人也很多。一切都显得很"高端"：街道上车水马龙，广场、商店、建筑富丽堂皇。后来，我们回到了超级富裕之城圣迭戈，它位于加州西南部，临近美墨边境，是美国八大城市之一，一切还是一如既往地奢华。

"既然你们都到这儿了，那不如顺道儿去一趟墨西哥呢。"向导对我们说。

"我们当然要去啊！"我已经迫不及待地想看看那里是什么样子了。从小到大，我一直生活在备受呵护的环境中，在城市郊区长大，那里没有苦难，没有显而易见的贫穷，我也没见过乞丐或是接受社会救济的人。好吧，无论如何，那时的我还是一个孩子，不可能了解这些事情。这次旅行，我想看看世界，看看其他地方的人，还想看看他们生活的环境。最好是一口气都看了。我们从圣迭戈出发，在车一路向南行驶的过程中，我感觉自己仿佛看遍了全世界。但是，我们才刚刚临近墨西哥边境。

美国和墨西哥的边境线长3 144千米，从东到西，途经城市、沙漠，还有里奥格兰德。在美墨边境上，每年有250至500人会因高温、溺水、枪伤或其他意外事故而死亡。

我离看过全世界还远着呢。

当我们到达墨西哥西北部边境城市蒂华纳时，我才明白，我离看过全世界还远着呢。这种对比太强烈了，那种感觉就仿佛当头棒喝，令人幡然醒悟。我此生第一次真真切切地感受到什么叫一无所有。所见之处一片荒芜，人们身无长物。这些人连吃饭穿衣都成问题。2018年，蒂华纳的死亡率高达138/100 000，被称为世界上最危险的城市。

这段经历让我睁开了看世界的眼睛。

返程的途中，我们的车必须穿过两段区域。这种区域有两道像闸门一样的大门，每道门都有屏障装置。我们首先开车缓慢经过第一道大门，两道门之间还有一个夹层区域，我们依旧慢慢地开过去。

“菲利普，这俨然是民主德国边界啊！”一个与我们同行的人说道。突然她大喊：“赶紧把门关严了，否则他们就把孩子扔车里来了！”

这时候，我也看清楚了：有人抱着孩子在这个区域里走来走去。他们四处晃，一会上这儿，一会上那儿。他们是孩子的父母吗？他们是蛇头吗？孩子的父母把家里最后一点儿积蓄拿给蛇头，求他们把自己的孩子弄到美国当非法移民，说不定能让这些孩子过上更好的生活。我开始想象其中一个男人把孩子挂在了我们的车上；或者我们刚要开车离开，却发现一个孩子扒在我们车的保险杠上或是抓着底盘。孩子们用他们深色的眼睛看着我们，像往常一样，他们在兜售一些没用的小物件：口香糖、玻璃弹珠，还有塑料玩具。我感觉自己握方向盘的双手绷紧了。一句话在我脑海中挥之不去："世界很糟糕。"我们驶过了第二道门后就继续向前了。在返回圣迭戈的路上，我们沉默地开着车，没什么想说的。我觉得自己的心仿佛有千斤重。

这段在美墨边境的经历就是触发我捐赠行为的事件。从那之后，我就开始给儿童紧急救助机构捐钱，时至今日仍然在坚持。那些墨西哥儿童悲惨的生存状况让我刻骨铭心，历历在目。他们一无所有，但又很想活下去，他们想去一个更美好的世界，却有可能永远不会到达，因为他们可能会死于溺水、高温，甚至谋杀。回到德国之后，我便开始关注我们身边的弱势群体。以前，在我父亲履行社会责任时，我作为一个局外人只能略微感受到一点儿，现在我明白了父亲为何一生都在坚持捐赠，而我自己也开始对此感兴趣。我意识到我父亲是多么希望我和我的兄弟能够继续完成他的心愿。

"菲利普，人在大学里是学不到何为成功的人生的。"父亲这样对我说。那时候，我想参加一个继续教育培训，他刚帮我付了讲座的学费。每当想念父亲的时候，我都会想到，50 年来，他把自己所有的钱都用在了我和我的兄弟的教育上。父亲为我们支付了各种学费，有时候我会想，他本可以把这些钱都花在自己身上的。50 岁时，他的公司正处于发展的中期。但是，他把钱都花在了自己孩子身上。我由衷地感激父亲为我打开的人生之门，以及为我创造的条件。

如今，我会像父亲一样做同样的事。我会尽我所能为孩子们的成长提供最好的条件。但是，最好的不一定是最贵的。最贵的私立学校有很多学生是外交官的子女，他们往往两年后就要随父母去别的国家，这样经常变化环境对孩子的成长来说不一定是最好的。富裕家庭的孩子也要懂得，自己就是普通人，并不会因为父母有钱就比其他人更金贵。

我已经给你讲了让我感触颇深的一段经历。它是我捐赠活动的起点。现在，我为很多项目捐赠，包括儿童收容中心、托管中心，也包括学校。我还为改善我们生活区域的环境尽自己的力量。如果孩子们去学校的路不安全，我就会资助社区新建一条自行车道。如果我们全家远途旅行，或者有其他原因需要乘飞机出行，我就会为绿色项目捐赠机票的双倍金额，以此来补偿因坐飞机而导致的二氧化碳排放。除此之外，我还会为气候保护项目捐赠。我还在援助组织"世界面包"的网站上测试我的生态足迹，并从中得出结论。我们减少了肉类摄入量，不吃工业化养殖的动物，购买有机种植的食物。在进行股票投资时，我仅投资"绿色清洁"公司的股票。种种决定的核心原则一直是，这件事是否触动了我的心灵，我的决定是否发自内心。

我想鼓励大家（更多地）去捐赠。

我为何要讲述这一切呢？肯定不是因为我想吹嘘自己的捐赠行为。关于这个问题，我甚至已经与我的心理咨询师、同事兼好朋友乌尔丽克·谢尔曼女士，以及我的公关顾问萨布丽娜·拉波女士探讨了很久。起初，我不想书中出现这些内容，以免让自己看上去是个无可挑剔、毫无缺点的人。我不想让别人觉得我跟电视里的某些名人一样，在拿自己的捐赠行为炫耀。这样的话，我会感觉有悖我的初衷。但是她们都认为，如果我想鼓励大家捐赠，那么把我个人的经历写出来还是有必要的。因此，我改变了想法。我希望你能够理解我写这一章节的真实意图。

我想让你知道，给予是一件充实、重要且有意义的事情。当我们奉献自己、帮助别人的时候，别人和我们都会有所收获。即便是不富裕的人也有可能帮助他人。奉献多少全凭我们自己做主。当觉得自己生活富足时，我们就可以慷慨地与他人分享。与此同时，你便已经做好了准备，去迎接更多的财富。就如同我们在第 3 章谈论的那样：只有当我们与现有财富和谐共处时，我们才算是做好了收获更多财富的准备。当你捐赠时，你是慷慨和富足的。回忆一下财富也是一种能量形式，在理想的状态下，能量应该是可以不断转化的。你曾经付出的一切，最终都会以另一种形式回到你身边。我希望每个人在给予的过程中都能感受到幸福和快乐。

结束语 | 致我们尚未实现的梦

很多年前，我的一位叔叔给我打过一通电话，他是我的教父。

“菲利普，安妮丽丝有轻生的念头，她不想活了。”

“什么？”我心里一震。安妮丽丝婶婶不想活了？他说的是我的婶婶——教父叔叔的妻子吗？他们俩在我的生命中就如同第二父母。

我的手抓紧了话筒。

“为什么啊？格尔德，到底发生了什么事？”

“她想自杀。她把自己锁在楼上的卧室里不吃不喝。她在等待死亡。”

“我马上过去，我去帮你们。”

“别来，你别过来，她不会回心转意了。你帮不上我们。她想在你心里保持一个好形象，一如往昔。”

没过几天，安妮丽丝婶婶就故去了。

没过多久，我又接到那个熟悉的号码打过来的电话，这次是雷纳特打过来的，她是安妮丽丝婶婶与前夫生的女儿。

“菲利普，格尔德不太好。”

"雷纳特，请告诉我发生了什么事？"

"你知道的，人都是这样，就像老树被挪了地儿或者剪掉了大枝。安妮丽丝走后，格尔德肯定不会太好。"

"雷纳特，那他现在的情况怎么样？"

"他在医院。但是你不要过来，他想在你心里保留美好的回忆，他也想像安妮丽丝那样平静地离开。"

"谢谢你告诉我这些。"

扔下电话，我一路狂奔，20 分钟后，我已经在医院里了。

我敲门进屋，格尔德叔叔的病床正好对着门。他看到我来了，便对我微笑。

"菲利普，你还是来了，很高兴见到你。"他的声音很憔悴，词语之间缺乏停顿，他从前说话不是这样的。

我走到他的病床前。那时的我还未近距离感受过死亡的气息，一切对我而言都是那么骇人，我很害怕。

"你感觉怎么样？"

他缓慢地点头，没有回答我的问题，而是将轻薄的毯子从自己的腿上移开。那一刻，我脑子里只有："这条腿已经坏死了。"是的，我确定他的那条腿已经没有知觉了。格尔德叔叔在战争中受过枪伤，此后，身体的伤痛便一直伴随着他。

之后，格尔德叔叔跟我聊了起来。

"嗯，菲利普，你是我们的菲利普。你在我们家永远是受欢迎的。我和你婶婶已经有了女儿，所以一直以来，我们都特别盼望能有个儿子。然后，我们就等来了你。"他又笑了，还点了点头。

"你是我们的教子。"

我紧紧握住叔叔的手。

"对我来说，你们也是一样的，格尔德。你和安妮丽丝是我的第二父母。”

“你总是很善解人意。在很多事情上，你也会征求我们的意见。我和你婶婶都很欣赏你。”

我顿了一下。我还是第一次听他说这样的话。

“我哪里值得二位这样欣赏。”

“我们刚认识你的时候你还是个孩子。从小到大，你总是在按自己的意愿行事。”

格尔德叔叔躺在医院平整的枕头上，把头转向了我。

“其实，无所谓什么原因，总之，我们一直认为你很优秀。”

然后，我们俩都笑了。叔叔说得很对，我过去，包括现在，都是一个很执着的人。

“在我此生的最后时刻，我还想给你一个忠告，菲利普。我已经快走完自己的一生，时日不多了。我很幸运，这个阶段脑子还没迷糊，上天还给我留了一段时间，让我在医院里再想想人生，这很有趣。”

“好，格尔德叔叔，你请说。”

“你知道吗？有一件事我觉得很重要，这正是我要跟你说的：人要原谅自己的错误。你也可以原谅那些愿意跟你和解的人。我这一生错待了很多人，而且从未对他们表达过歉意。这对我来说是个遗憾，我也为此感到抱歉。但是，连我自己都感到惊讶的是，现在，这一切都过去了，我原谅了我自己。”

他停顿了一下，我看到他咽口水都很艰难。

“但是，有一些事我可能至死都难以释怀，那就是我原本想做却一直没做的事。”

“你指的是哪些事情？”

“菲利普，在你的人生中，有没有那么一刻，比如，你在听一个讲座或者在读一本书的时候，突然决定要对现有生活做出一些改变？可是后来，这个想法又被生活琐事淹没，到头来，你的生活还是一成不变。以后不要这样了。想一想自己想要什么，再想想，如果你没有这样做，那么在人生走到尽头的时候，你能不能原谅自己。如果不能，那就赶快行动，马上行动。”

我又握紧了他的手，他也反过来捏了捏我的手，用尽了他全部的力气。

没过多久，格尔德叔叔也离开了我们。

我是多么希望他在走的时候对自己没有做过的事、没有实现的梦，无论是他告诉过我的还是没有告诉过我的，都已经释怀了。

他的忠告始终留在我的心底。我想，对你来说这句话也很有意义：

如果是自己认为真正重要的事情，那就去做。

致谢

每当我的内心泛起感激的涟漪时，我总会久久不能平静。同时，我也会感受到一种力量。感恩和感谢丰富了我的人生，这是任何言语都无法表达的。

在此，我首先要感谢我的妻子。在本书的撰写过程中，我的妻子不仅为我排除了后顾之忧，使我能安心写作，还为本书提供了诸多宝贵的建议，密切地参与了创作。她一直在守护和照顾我和孩子们。每当我陷入自我怀疑的时候，她都会给予我充分的信任。每当我陷入虚无的情绪时，她都会把我拉回现实世界，让我做回脚踏实地的赶路人。我可以对她畅所欲言，无论是关于投资学院的话题，还是当我需要一个来自朋友的建议时。我想用一句话表达我对她的感谢：你是我此生的至爱，也是我最好的朋友。感谢你，有你真好。

这本书是很多人心血的结晶。我要感谢 PJM 投资学院的全体同人。如果没有你们整理的大量学员反馈，我们就不可能以这种方式传递我们的理念。感谢你们，是你们让投资学院走到了今天。我衷心祝愿你们每一个人今后前途无量。

接下来我想说，如果没有这个人的帮助，本书就不可能问世。她就是乌尔丽克·谢尔曼女士，她的名字在书中多次被提及。乌尔丽克女士与我进行了卓有成效的合作，正是有了她的引导，我的思维得以在两个专业领域之间自由穿行、遨游。最重要的是，我们在本书的主旨内容方面广泛地交换了意见，她将心理学领域多年的实践经验注入本书，这是她赠予我最好的礼物。乌尔丽克女士一直致力于帮助人们消除心理障碍，自由地去追求人生目标。因此，在本书中，我们得以从不同的角度探讨财富话题，并分析阻碍致富的因素。每当书中涉及心理层面的个性发展以及实现人生意义的内容时，她的思想总是贯穿其中，并散发出光芒——这些内容也体现在她本人出版的专业著作中。乌尔丽克，非常感谢你给予我的引导、建议和支持，愿我们友谊长存。

除了我的妻子和乌尔丽克女士，我还要感谢 GABAL 出版社。自接触之日起，在与我交流的过程中，出版社便对本书给予了极高的评价，其团队忘我投入的工作状态也令我印象深刻。在此，我要感谢 GABAL 出版社的全体成员，感恩我们之间的完美配合。感谢作为出版商的安德烈·荣格与公司同事开展的友好交谈。感谢贝蒂娜·施密特作为出版社总经理所做的一切，感谢桑德拉·克雷布斯对本书内容提出的宝贵意见，感谢安沙纳·加德在市场营销方面提供的大力支持，感谢这个伟大的团队中的所有同事围绕该项目付出的辛勤努力。此外，也要感谢 GABAL 出版社的公关公司，感谢佩特拉·斯普雷克曼和她的团队。我当然还要感谢伊娃·戈布韦恩，她在文字编辑方面做出了卓越贡献，使本书能以最佳状态呈现在读者面前。

萨布丽娜·拉波，她也是塞巴斯蒂安·菲茨克等人的公关顾问，负责本书的全部媒体工作，同时，她承担了我个人和投资学院的公关顾问职责。她在几个月前加入这个项目，以便为本书提供咨询服务。

在我眼中，她不仅仅是一名专业的顾问：她常持批判性的态度，因而能够保持客观；她廉洁自律，因而能够做到无私；她常怀欣赏和仁爱之心，因而能从公众的角度出发看待问题。她同乌尔丽克女士一起帮助我，将我所描绘的愿景传递给尽可能多的人。萨布丽娜，我要感谢你为我做的一切，祝你未来可期。

我还想向另外两个人表达我的感谢，他们是亨宁·亨克 和凯文·布洛姆。他们二人均在本书的创作过程中给了我很多帮助。亨宁是德国证券交易所股票和期货交易市场的持证交易员，有 15 年的投资银行工作经验，他已经加入了我们的投资学院，目前负责会员网络研讨会、讲座演示，以及所有相关内容的质量控制和前期准备。亨宁，我要感谢我们的友谊，感谢你将自己的经验和见解奉献给了投资学院，你在工作中展现出的热情值得我们学习。

说到对日常工作的热爱，凯文·布洛姆与亨宁可谓不相上下。凯文曾是训练有素的银行业务专家和德国北部最成功的金融销售人员。现在，他全身心地投入投资学院的战略发展、业务运营和市场营销业务，并在研讨会上展现了自己的活力和幽默。凯文，我要谢谢你成为我的朋友，是你的倾情投入让投资学院日日常新。

我还要从心底里感谢我的妈妈，还有我的爸爸，他在 2018 年去世了。我知道，作为儿子，我经常表现欠佳，感谢你们的理解，感谢你们给予我的爱和时间，为了儿女们，你们总是舍弃自己的需要。

我还要感谢我最好的朋友托马斯，我们相互陪伴已经超过 35 年。有时，我们彼此不需要语言就能知道对方需要什么，我们心有灵犀。谢谢你，托马斯，是你一直在我身边给我支持和鼓励。

最后，我要向我的老师和导师们表示感谢。你们通过研讨会、培训课程、书籍和有声读物等形式，极大地提高了我的成长速度。终身学习对我来说很珍贵，正如菲利普·罗森塔尔曾说的：“人如果不努力变得更优秀，那么他连优秀也难以保证。”

我还要向我的两个儿子道歉。我感到非常抱歉，在过去的几个月里，我经常要在下午工作，这原本是留给你们的亲子时间。我请求你们原谅，我爱你们。

菲利普·穆勒